Edson Gonçalves



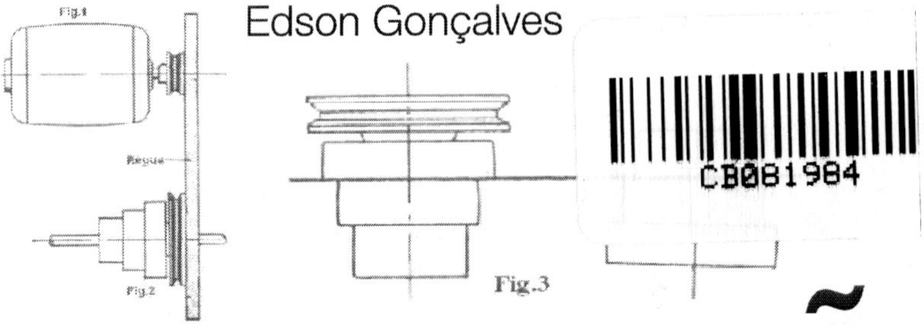


# MANUTENÇÃO

## Mecânica Básica para Aprendizes

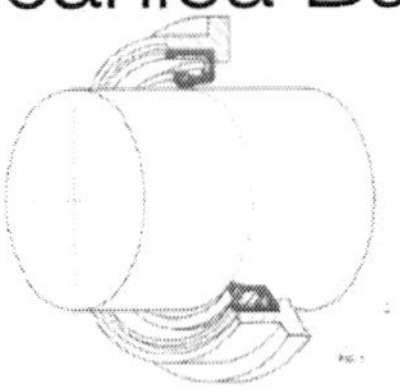

### Volume 1

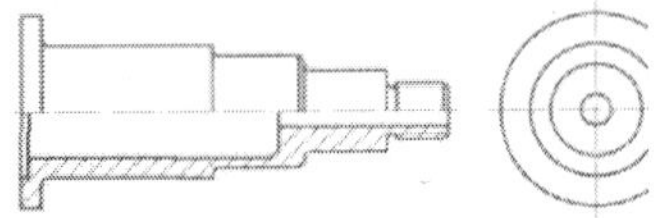

EDITORA CIÊNCIA MODERNA

***Manutenção – Mecânica Básica para Aprendizes – Volume 1***



**Editor:** Paulo André P. Marques
**Produção Editorial:** Dilene Sandes Pessanha
**Capa:** Daniel Jara
**Diagramação:** Greice Marry
**Copidesque:** Equipe Ciência Moderna



**FICHA CATALOGRÁFICA**

***GONÇALVES, Edson.***

***Manutenção – Mecânica Básica para Aprendizes – Volume 1***

Rio de Janeiro: Editora Ciência Moderna Ltda., 2019.

1. Engenharia de Segurança 2. Engenharia Mecânica 3. Engenharia Industrial
I — Título

ISBN: 978-85-399-0946-9 CDD 620.86
620.1
621.7

**Editora Ciência Moderna Ltda.**
**R. Alice Figueiredo, 46 – Riachuelo**
**Rio de Janeiro, RJ – Brasil CEP: 20.950-150**
**Tel: (21) 2201-6662/ Fax: (21) 2201-6896**
**E-MAIL: LCM@LCM.COM.BR**
**WWW.LCM.COM.BR**

**04/19**

# A Oração que Deus Entendia

"Senhor, protegei as nossas dúvidas, porque a dúvida é uma maneira de rezar.

É ela quem nos faz crescer, porque nos obriga a olhar sem medo para as muitas respostas de uma mesma pergunta.

E para que isso seja possível senhor, protegei as nossas decisões, porque a decisão é uma maneira de rezar.

Dai-nos coragem para, depois da dúvida, sermos capazes de escolher entre um caminho e outro.

Que o nosso SIM seja sempre SIM e o nosso NÃO seja sempre um NÃO

Que uma vez escolhido o caminho, jamais olhemos para trás, nem deixemos que nossa alma seja roída pelo remorso.

E para que isso seja possível senhor, protegei as nossas ações, porque a ação é uma maneira de rezar.

Fazei com que o pão nosso de cada dia seja fruto do melhor que levamos dentro de nós mesmos.

Que possamos, através do trabalho e da ação, compartilhar um pouco do amor que recebemos.

E para que isso seja possível senhor, protegei os nossos sonhos, porque o sonho é uma maneira de rezar.

Fazei com que, independente de nossa idade ou de nossa circunstância, sejamos capazes de manter acesa no coração a chama sagrada da esperança e da perseverança.

E para que isso seja possível senhor, dai-nos sempre entusiasmo, porque o entusiasmo é uma maneira de rezar.

É ele quem nos liga aos céus e à terra, aos homens e às crianças, e nos diz que o desejo é importante, e merece o nosso esforço.

É ele que nos afirma que tudo é possível, desde que estejamos totalmente comprometidos com o que fazemos.

E para que isso seja possível senhor, protegei-nos, porque a Vida é a única maneira que temos para manifestar o Teu milagre.

Que a terra continue transformando a semente em trigo, que nós continuemos transmutando o trigo em pão.

E isto só é possível se tivermos Amor - portanto, nunca nos deixe na solidão.

Dai-nos sempre a tua companhia e a companhia de homens e mulheres que têm dúvidas, agem, sonham, se entusiasmam e vivem como se cada dia fosse totalmente dedicado à Tua Glória.

Deus te guie, ilumine, proteja e abençoe"....

***Paulo Coelho***

# *Apresentação*

É com muito orgulho que recebi o convite do autor e amigo Sr. Edson Gonçalves para fazer a apresentação deste livro. Sinto-me honrado em contribuir com uma pequena parcela apresentando o autor e sua obra.

Em minha ainda breve carreira profissional como gestor de manutenção e perante os desafios encontrados no desenvolvimento das atividades de manutenção na indústria era cada vez mais evidente a necessidade de desenvolvimento da equipe de manutenção da empresa. Essa necessidade nos levou à busca de empresas especializadas em treinamento no setor onde tivemos a grata satisfação de entre poucas empresas especializadas conhecer a Optimus e, por consequência, o Edson.

Juntos, desenvolvemos treinamentos de equipe de manutenção, projetos e melhorias em diversos setores da manutenção, revisão do software de gestão da manutenção e também a gestão de uma grande parada programada anual. Graças à sua didática, simplicidade e profissionalismo, conseguimos colocar em prática esses importantes projetos e trocar muitos conhecimentos os quais levarei comigo por toda minha vida.

A publicação deste livro dará ao leitor a possibilidade de conhecer um pouco do precioso conhecimento que o autor possui e da sua maneira clara e objetiva em repassá-los. Sua forma de trabalho é um exemplo para a indústria, e este material certamente será uma ferramenta de grande suporte para que os novos profissionais de manutenção possam obter o melhor resultado em seus setores de atuação.

Sabemos que a maioria das escolas de formação profissional tem o ensino baseado em teorias literárias e infelizmente os cursos de formação, sejam técnicos ou de graduação, não conseguem preparar profissionais capacitados para o desenvolvimento de casos práticos reais. Sabemos também que não basta conhecimento teórico para exercer com excelência uma determinada profissão, é necessário ter experiência, que só é adquirida com o passar dos anos. São esses os motivos que dão a essa obra tamanha importância para aqueles que estão se inserindo na manutenção.

Ao abordar a manutenção de uma forma básica, o autor apresenta informações que não são apresentadas durante os processos de aprendizagens dentro das escolas técnicas e das faculdades. Permitindo aos leitores terem uma ideia clara das condições reais do dia a dia encontrada no chão de fábrica das pequenas, médias e grandes empresas, inclusive multinacionais de altíssimo porte.

Em tempos onde o país vive uma crise de valores, é admirável o empenho e esforço do autor para colocar nesse material, experiências e conhecimentos técnicos básicos a serviço da indústria. Recomendo a leitura!

**Rogério Vargas Junior**
Engenheiro Mecânico

# *Agradecimentos*

Agradeço veementemente a minha esposa Neide e minhas filhas Sabrina e Emanuelle, que abriram mão de inúmeros momentos de lazer e de convívio familiar, para que fosse possível concretizar esta obra, bem como o apoio e incentivo concedidos.

Agradeço a minha mãe, dona Maria Vieira Gonçalves, por cada segundo de dedicação, de cuidado e de amor, por cada palmada e cada castigo que me deu, pois somente com as ações e atitudes tomadas por ela, fui capaz de me tornar o homem, o profissional e o pai que sou hoje.

Agradeço também ao Sr. Otil Gonçalves Neto (in memoriam), um homem semianalfabeto, sem cultura, mas que me ensinou todos os valores da vida, me ensinou a necessidade que um ser humano tem de batalhar pelos seus sonhos, me ensinou a traçar meus objetivos, a valorizar o próximo.

Um homem que me mostrou que não temos limite nesta vida, que podemos realizar tudo o que quisermos, e que estas realizações somente fazem sentido se for de coração e com muita dedicação e trabalho, que batalhar pelos nossos sonhos é o verdadeiro sentido da vida. Este homem que tenho o imenso orgulho de chamar de “MEU PAI”.

# *Dedicatória*

Dedico esta obra a todos os meus familiares, sem exclusão de nenhum grau de parentesco, pois cada um deles tem um papel importante na minha vida.

A cada um dos meus professores e instrutores que me alfabetizaram e me direcionaram ao aprendizado formal, técnico e moral.

A cada um dos meus amigos de infância, adolescência e vida adulta, que conviveram comigo em todos os momentos de alegria e tristeza.

Dedico também esta obra a todos os colegas de trabalho que conviveram comigo ao longo de toda a minha vida profissional. Àqueles que me ensinaram as atividades do dia a dia, àqueles que aprenderam comigo no dia a dia. E principalmente àqueles que discordaram de algumas de minhas opiniões e decisões, discordâncias estas que serviram de diálogos e discussões que originaram em novos estudos até que encontrássemos uma definição comum e definíssemos conceitos favoráveis a todos.

Reservo-me no direito de não citar nenhum nome, para que eu tenha a consciência tranquila por não ter me esquecido de mencionar nenhuma das pessoas que fizeram parte da minha história até os dias de hoje.

## *Reflexão*

*A poltrona é para você relaxar.*

*Relaxe o seu corpo da cabeça aos pés.*

*Silencie as suas emoções.*

*Silencie seus pensamentos.*

*Perceba apenas a sua respiração, o ar entrando e saindo dos seus pulmões.*

*Calmamente, suavemente.*

*Permaneça assim o tempo que puder.*

*Esta prática diária ajuda você a ter mais calma, equilíbrio, saúde e discernimento.*

*Cure o passado.*

*Viva o Presente.*

*Sonhe com o futuro.*

**Paulo Coelho**

# *Prefácio*

Nosso país sempre foi um cenário de profissionais que se qualificavam a cada dia em todas as modalidades industriais.

Nas décadas de 80 e 90 nossa indústria atingiu o ápice da qualidade técnica de nossa mão de obra. Foi um tempo onde os profissionais evoluíram e assimilaram as necessidades em que as organizações possuíam, entendendo assim a essência da palavra qualificação.

Com profissionais comprometidos e dedicados, o crescimento das organizações era eminente, e o avanço tecnológico não assustava a cadeia produtiva.

As mudanças organizacionais ocorreram de maneira acelerada nos últimos anos. A crescente competitividade pressionou as organizações por melhores resultados e o rápido desenvolvimento tecnológico alterou os processos produtivos e as formas de gerência do trabalho.

As transformações sociais e organizacionais são fatores que contribuíram para que ocasionassem essas mudanças. Porém, existem outros fatores que são primordiais para a decadência momentânea da mão de obra industrial.

A falta de mão de obra qualificada apresenta-se como um problema que vem agravando-se nos últimos anos para as empresas industriais. A falta de eficiência e adaptação por parte dos trabalhos interfere diretamente na produção e desenvolvimento das empresas, logo na competitividade. Muitos empreendedores buscam amenizar o problema oferecendo programas de capacitação para os funcionários.

A falta de profissionais qualificados afeta mais da metade das indústrias no país, onde a baixa escolaridade dos profissionais e a falta de conteúdo, a má formação onde as entidades de ensino focam seus conteúdos didáticos apenas na gestão e não na absorção técnica dos elementos, voltados ao mercado de trabalho, são fatores apontados como causas da falta de qualificação da mão de obra.

A preparação para o trabalho é mais complexa do que simplesmente anos de estudo. Na indústria, são necessários conhecimentos específicos, além de habilidades comportamentais e de comunicação que acabam por afetar o desempenho e a produtividade dos trabalhadores.

A capacitação dentro da empresa é a principal forma que as empresas encontram para sanar esse problema. A maioria das empresas tem dificuldades em achar mão de obra qualificada e afirmam que treinam seus funcionários.

Mas mesmo nas empresas que adotam uma política de treinamento dos funcionários, a baixa qualidade da educação básica é um entrave, além disso, existe pouco interesse dos trabalhadores e ao investir em qualificação, a empresa perde o trabalhador para o mercado.

Outro fato relevante na baixa qualidade da mão de obra nos dias atuais se dá devido ao fato da perda de profissionais experientes, os quais se aposentaram ou migraram para outras atividades rurais ou autônomas onde a condição do país favoreceu, durante um período, o trabalho individual, oferecendo ao profissional um caminho solo como empreendedor no qual o governo almejava aumentar a margem de impostos arrecadados.

Desta forma as organizações não se prepararam para transição da média de idade de seus funcionários onde não houve uma troca de conhecimentos, ou como se pode chamar uma mescla ou apadrinhamento dos novos profissionais com os profissionais mais experientes para que fosse possível repassar esses conhecimentos obtidos ao longo de suas vidas profissionais para quem estava chegando no mercado de trabalho.

Nossa atualidade oferece as indústrias profissionais de baixo conhecimento técnico o que impossibilita que as organizações consigam atingir suas metas, obtendo baixos índices de disponibilidades com pouquíssima confiabilidade, afetando diretamente a continuidade operacional da cadeia produtiva.

O objetivo deste projeto é deixar registradas algumas técnicas de manutenção e mecânica dos ativos para facilitar o entendimento destes profissionais, uma vez que a linguagem abordada se faz a mesma linguagem utilizada em chão de fábrica, com caminhos e informações claras e objetivos focados na mantenabilidade dos ativos com qualidade.

# Sumário

## 1 – Introdução

Em todo este processo de controle para manter a produtividade sempre em dia, aumentando os lucros e diminuindo os custos consideravelmente, é que os gestores das fábricas de pequeno, médio e grande porte, contam com profissionais altamente qualificados para executar suas atividades de manutenção preventiva e ou corretiva, para garantir a eficácia de seus processos.

A conta hoje é a seguinte: 95% dos profissionais são medianos e somente 5% fazem a diferença. Ou seja, a quase totalidade cumpre rotinas burocráticas, faz só o feijão com arroz. São pessoas que vão para o trabalho com o corpo, mas deixam seus corações do lado de fora.

O objetivo deveria ser o contrário, que a maioria fizesse a diferença, que realizasse suas atividades de manutenção com qualidade, eficácia, conhecimentos técnicos e agilidade, com vontade de resolver, que se comprometesse de verdade com a qualidade do seu trabalho, que fosse prestativa, que fizesse do seu trabalho muito mais do que uma tarefa, mas uma expressão da sua personalidade.

Grande parte dos profissionais ativos no mercado não aplicam técnicas básicas de manutenção dos ativos, desde uma simples forma de aperto de parafusos até atividades complexas e de alto teor técnico.

Em um passado um pouco distante, nossas indústrias contavam com um quadro de profissionais de manutenção altamente técnicos e comprometidos. Com o passar dos anos esses profissionais se aproximavam do fim de suas vidas ativas no mercado de trabalho e dentro das organizações que contavam com suas habilidades e conhecimentos.

O maior erro da indústria foi não perceber que estes excelentes profissionais já se encontravam cansados e em fim de carreira e seus objetivos eram uma aposentadoria longe das atividades de manutenção industrial. Entretanto as organizações não souberam explorar as experiências, comprometimentos e conhecimentos destes profissionais, de forma a direcionar que este volumoso conhecimento e compromisso fossem absorvidos pelos novos profissionais que ingressavam no universo da manutenção.

Por outro lado, estes novos profissionais não se empenhavam em aprender ou se aprimorar com os profissionais mais vividos e experientes. O que chamamos de geração facebook não assimilaram nem as técnicas nem os conhecimentos que poderiam vir dos profissionais em fim de carreira.

Apesar desta desastrosa perda de conhecimentos, para dificultar ainda mais, as organizações de ensino também não evoluíram e assim como as empresas, também perderam a expertise dos instrutores que deixaram o mercado de trabalho para viverem suas vidas com mais tranquilidade e ou sem grandes comprometimentos.

Desta forma até mesmo nas organizações de ensinos, a transmissão de conhecimentos e novas técnicas foram comprometidas deixando assim os alunos e aprendizes sem a qualidade técnica das informações as quais deveriam ser absorvidas.

Restou às organizações industriais investir em treinamentos de aprimoramento de seus profissionais com frequência para garantir a qualidade das atividades realizadas em seu ciclo da cadeia produtiva para manter uma competitividade e se tronar uma empresa excelente no mercado industrial.

## 2 – Evolução

Desde os primórdios da civilização existe a necessidade de conservação e reparos de ferramentas e equipamentos, porém, foi somente depois da invenção das primeiras máquinas têxteis, a vapor, no século XVI, que se emergiu a função da manutenção.

Assim, com a necessidade de se manter em bom funcionamento todo e qualquer equipamento, ferramenta ou dispositivo para uso no trabalho, em épocas de paz, ou em combates militares nos tempos de guerra, houve as consequentes evoluções das formas de manutenção.

Após a revolução industrial, foram propostas várias funções básicas nas empresas, as quais destacam-se a função técnica, relacionada com a produção de bens ou serviços, da qual a manutenção é parte integrante.

Originalmente a manutenção era uma atividade que deveria ser executada em sua totalidade, pela própria pessoa que opera o equipamento, sendo este o perfil ideal. Porém com a evolução tecnológica, os equipamentos e componentes tornaram-se de alta precisão e complexidade, e com o crescimento da estrutura empresarial foram sendo introduzidas diversas sistemáticas e a função da manutenção foi sendo gradativamente dividida, e alocada em setores especializados.

Com a evolução da tecnologia foram sendo instalados novos equipamentos, e grandes inovações foram sendo executadas para atender à solicitação de aumento de produção, assim o departamento operacional passou a dedicar-se somente à produção, não restando alternativa a não ser a criação do departamento de manutenção, que passaria a responsabilizar-se por todas estas funções destinadas aos reparos e disponibilização dos equipamentos para a produção.

Assim não se pode afirmar que nesta época o equipamento estivesse sendo utilizado de maneira eficiente, mas levando em consideração a passagem para uma era de evolução da alta tecnologia, foi um fato inevitável para fazer face às inovações tecnológicas, ao investimento em equipamentos e ao incremento da produção.

Porém, à medida que se passava para uma etapa de desaceleração de crescimento econômico, começava a exigir das empresas, cada vez mais, a competitividade e a redução de custos, aprofundando o reconhecimento de que um dos pontos decisivos seria a busca da utilização eficiente dos equipamentos existentes até o seu limite.

Para isso, na manutenção, tornou-se como núcleo a atividade de prevenção da deterioração dos seus equipamentos e componentes, aumentando assim a necessidade da função básica de profissionais que não apenas corrigissem as respectivas falhas, mas também, pudessem evitar que elas ocorressem.

Desta forma os profissionais de manutenção tiveram que desenvolver o processo de prevenção de avarias e falhas por meio de análises e verificações frequêntes, através de diversas filosofias de manutenção.

Além do desenvolvimento de técnicas e ferramentas estratégicas, tornou-se extremamente necessário o aprimoramento da mão de obra de execução, formando profissionais bem mais qualificados e a cada evolução exige profissionais mais e mais evoluídos.

Para isso as organizações investem em treinamentos de aprimoramento de sua mão de obra com o intuito de acompanhar a evolução tecnológica não só de seus ativos, mas também da mão de obra de execução de suas atividades vitais acondicionadas no sistema de gerenciamento da manutenção, com a aplicação de técnicas corretas e eficazes, garantindo assim a continuidade operacional e todo o ciclo da cadeia produtiva.

## 3 – Conceitos

Como toda atividade desenvolvida na indústria, a manutenção industrial também possui suas diretrizes tanto técnicas quanto comportamentais.

Somente a unificação de todas as competências citadas atreladas às ações desenvolvidas e aplicadas é que poderemos distinguir um líder de um seguidor. Existem alguns Conceitos Éticos a serem cultivados no universo da manutenção Industrial.

A ética sempre deverá estar presente em todas as profissões. No universo da manutenção industrial isso não é diferente.Entretanto para que um profissional de manutenção industrial tenha sucesso em suas funções e atividades, é extremamente necessário que o mesmo seja dotado de competências que o difere dos outros.

Competência é um saber agir responsável e reconhecido, que implica mobilizar, integrar, transferir reconhecimentos, recursos e habilidades que agreguem valor econômico à organização e valor social ao indivíduo.

Algumas competências as quais este profissional precisa ser dotado ou necessita desenvolver no seu dia a dia para garantir a evolução da correta aplicação de suas atividades:

- Conhecimento:

Conhecimento é o saber, é o que sabemos, mas não necessariamente colocamos em prática.

- Habilidade:

Habilidade é o saber fazer, é o que praticamos e temos experiências e domínio sobre.

- Atitude:

Atitude é o querer fazer, são as características pessoais que nos levam a praticar, ou não, o que conhecemos e sabemos.

- Disciplina:

Disciplina é o saber seguir as diretrizes e respeitar os limites determinados e cumprir com o que foi combinado.

- Motivação:

Motivação é aquilo que nos motiva a tomar uma atitude a realizar uma ação com prazer e sabedoria.

- Superação:

Superação é a força que temos de não deixar que nenhum obstáculo ou nenhuma dificuldade nos façam desistir.

- Inovação:

Inovar é a força que temos de buscar o que é novo, o que é moderno, o que nos dá melhores condições em tudo o que fazemos.

- Comunicação:

Comunicar é a arte de informar, de fazer com que todas as pessoas conheçam e saibam o que foi, está ou será realizado.

- Respeito:

Respeitar é a arte de saber conviver com as diferenças, de entender que somos diferentes, e que apesar disso podemos conviver juntos.

- Gratidão:

Gratidão é a arte de saber reconhecer os esforços dos outros, de conseguir externar a ajuda recebida.

# 4 – Segurança

Para intervenção correta dos ativos, máquinas, equipamentos ou componentes, na maioria dos casos é extremamente necessário que o profissional de manutenção industrial se aproxime das máquinas em movimento, se expondo assim a vários riscos aos quais podem ser potencialmente graves.

Como hoje uma das maiores metas das indústrias é o "Acidente Zero", devemos garantir a total segurança do profissional de manutenção industrial, de forma que ele possa realizar todas as suas atividades com eficiência e segurança.

Uma das formas de eliminar os riscos aos quais os profissionais possam estar expostos é a aplicação da manutenabilidade dos equipamentos, o que permite acessos seguros e facilidade de realização das atividades, padronização, manobrabilidade, simplicidade de operação, visibilidade acessível, entre outras facilidades.

Porém, dentre todos os artifícios destinados a garantir a segurança dos profissionais, nenhum é mais eficiente do que a própria consciência e entendimento do profissional em reconhecer os riscos aos quais estão expostos e a necessidade de desenvolver autoanalise das atividades que irá executar.

Segue abaixo algumas recomendações básicas de segurança, para que se utilizem como melhores práticas diante da realização das atividades a fim de minimizar os riscos.

Recomendação de Segurança:

1 – Isolar e sinalizar bem o local.

2 – Utilizar cinto de segurança preso com dois talabartes.

3 – Não permanecer sob carga suspensa.

4 – Não arremessar materiais ou ferramentas.

5 – Manter uma postura defensiva e correta.

6 – Informar aos operadores sobre sua presença no local.
7 – Inspecionar dispositivos e ferramentas a serem utilizados nas atividades.
8 – Cuidado ao transitar entre os equipamentos.
9 – Ao subir ou descer escadas, fazer uso do corrimão.
10 – Em caso de vazamentos de líquidos ou gases, evadirem-se do local.
11 – Evitar ao máximo o improviso.
12 – Muita atenção e cuidado ao manusear as ferramentas e peças.
13 – Atentar-se para os avisos específicos pertinentes a cada área.
14 – Garantir que todas as fontes de energia perigosas foram desligadas e bloqueadas.
15 – Inspecionar os andaimes e plataformas antes de subir nos mesmos.
16 – Manter uma comunicação clara e eficiente.
17 – Cuidado ao trabalhar próximo a equipamentos quentes.
18 – Garantir que a tubulação esteja drenada e despressurizada.
19 – Eliminar o residual de pressão da tubulação.
20 – Garantir que o equipamento esteja bem preso antes de içá-lo.
21 – Preparar linha de vida caso não haja ponto de prender o cinto de segurança.
22 – Recolher materiais que se encontram espalhados pela área.
23 – Cuidado com as diferenças de níveis entre os equipamentos e estruturas.
24 – Cuidado e atenção com pisos e áreas úmidas.
25 – Quando içar qualquer equipamento ou peça, somente colocar as mãos após o mesmo estar parado e próximo do local a ser instalado.
26 – Não permanecer no raio de ação dos cabos e cintas quando içar equipamentos ou peças.
27 – Utilizar máscaras para áreas que trabalha com gases.
28 – Utilizar luvas de segurança (raspa ou nitrílica).
29 – Utilizar óculos de segurança (normal ou ampla visão).
30 – Utilizar capacete de segurança com jugular.
31 – Utilizar perneira de segurança.
32 – Demais orientações quanto à interpéres da natureza ou algum detalhe não citado nesta recomendação deverá ser acrescentado à ART.

***"Nenhuma atividade é tão urgente, ou serviço é tão importante que não possa ser realizado com segurança."***

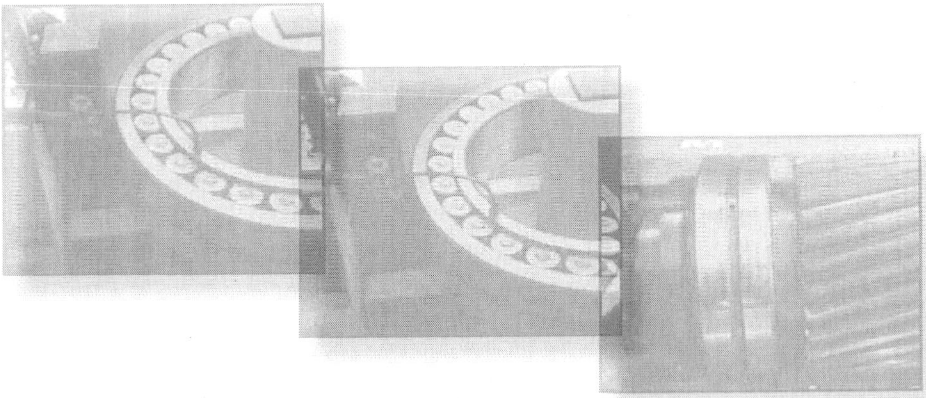

# 5 – Técnicas de Desmontagem de Conjuntos Mecânicos

Em geral, um Ativo, uma máquina ou equipamento industrial instalado corretamente, deve funcionar nas condições especificadas para qual o mesmo foi projetado inicialmente, e deverá receber atenção e cuidados regulares e ações de manutenções que sejam capazes de garantir a continuidade operacional de todo o Ciclo da cadeia Produtiva com confiabilidade durante muito tempo.

Entretanto, quando algum dos componentes falha, seja por descuido operacional, por falha da equipe de manutenção ou por quaisquer agentes externos, imediatamente será necessário eliminar as falhas ou defeitos para que reponha o ativo em condições normais de operações conforme seu projeto original.

Quando os Ativos são de simples entendimentos, é relativamente fácil identificar o problema e providenciar sua eliminação, porém, quando se trata de máquinas mais complexas, a identificação do problema e a sua eliminação exigem, de toda a equipe de manutenção, algumas técnicas que permitam garantir a execução das atividades com precisão e de forma ordenada.

O que a manutenção precisa entender é que não se deve desmontar nenhum ativo, equipamento ou componente sem que antes saibamos a causa da falha. É preciso realizar uma análise desta falha, e esta análise deve ser baseada em diversos fatores os quais nos possibilitam reunir informações suficientes para que possamos chegar a um diagnóstico correto e tomar as medidas eficazes para eliminar a reincidência da falha.

Contudo, devemos saber que a desmontagem de qualquer ativo só deve acontecer quando a falha ou defeito são eminentes, pois tal ação gera um custo significativo e depende totalmente de que o ativo se encontre inoperante e sem fluxo de produção.

Porém se a desmontagem for realmente necessária, a mesma tem que ocorrer de forma ordenada e controlada, onde vários critérios precisam ser seguidos e, neste caso, recomenda-se que tenha um procedimento para tal, onde o profissional será orientado passo a passo, tais como:

- ✓ Desligar e Bloquear todas as fontes de energia.
- ✓ Remover as peças externas, feitas de plástico, borracha ou couro.
- ✓ Limpar a máquina.
- ✓ Drenar os fluidos e eliminar as pressões residuais.
- ✓ Remover alavancas, mangueiras, tubulações e cabos.
- ✓ Calcar os componentes pesados.

Estas orientações e ou procedimentos fundamentam-se nas seguintes razões:

a) É preciso desligar e bloquear, antes de tudo, as fontes de energias para evitar acidentes.

b) A remoção das peças externas consiste na retirada das proteções e suportes, guias, barramentos e raspadores, entre outros. Essa remoção é necessária para facilitar o trabalho de desmonte.

c) A limpeza preliminar da máquina evita interferências das sujeiras ou resíduos que poderiam contaminar componentes importantes e delicados.

d) É necessário drenar reservatórios de óleos lubrificantes e refrigerantes para evitar possíveis acidentes e espalhamento desses óleos no chão ou na bancada de trabalho.

e) Os circuitos elétricos devem ser removidos para facilitar a desmontagem e limpeza do setor. Após remoção, devem ser revistos pelo setor de manutenção elétrica.

f) Os conjuntos mecânicos pesados devem ser calcados para evitar o desequilíbrio e a queda de seus componentes, o que previne acidentes e danos às peças.

Respeitando os princípios básicos dos procedimentos elaborados, o profissional da manutenção deve dar sequência na desmontagem introduzindo em suas atividades as seguintes ações:

a) Pulverizar desengripantes ou desoxidantes nos parafusos, pouco antes de removê-los. Estes produtos atuam sobre a oxidação dos componentes facilitando suas retiradas.

b) Para desapertar os parafusos, a sequência é a mesma que a adotada para os apertos.

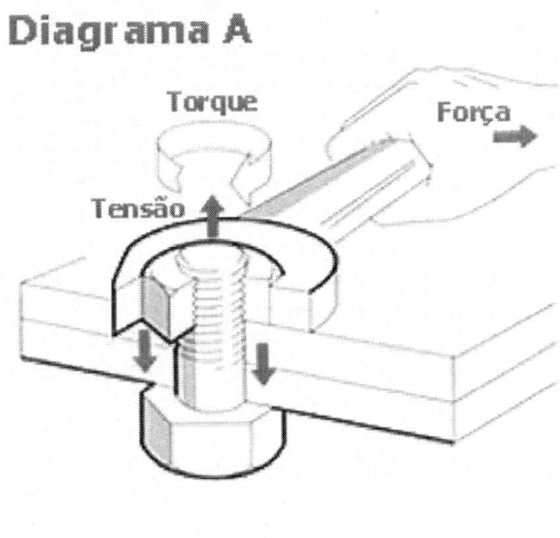


A tabela a seguir mostra a sequência de apertos. Conhecendo a sequência de apertos, sabe-se a sequência de desapertos.

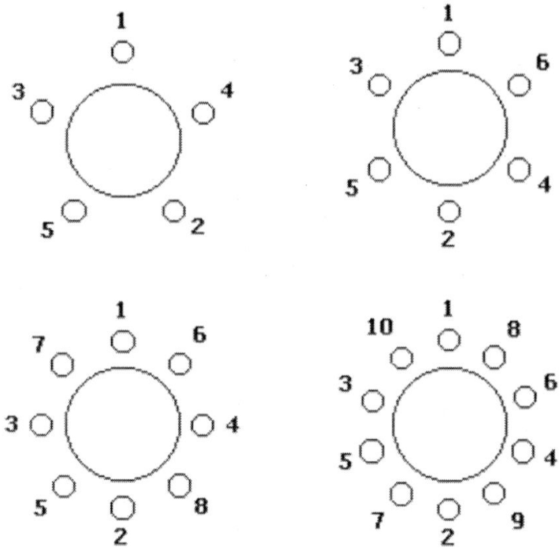


É importante obedecer a orientação da tabela para que o aperto dos elementos de fixação seja adequado ao esforço a que eles podem ser submetidos. Um aperto além do limite pode causar uma deformação e desalinhamento do conjunto de peças.

c) Identificar a posição do componente do Ativo antes da sua remoção.

d) Remover e colocar as peças em uma bancada limpa e organizada, mantendo-as na posição correta de funcionamento. Isto facilita a montagem e, se for o caso, ajuda na confecção de croquis.

f) Lavar as peças no lavador, usando desengraxante biodegradável. Essa limpeza permite identificar defeitos ou falhas nas peças como trincas, desgastes, etc. a lavagem pode ser feita com o auxílio de uma lavadora de peças industriais e pincéis de cerdas duras.

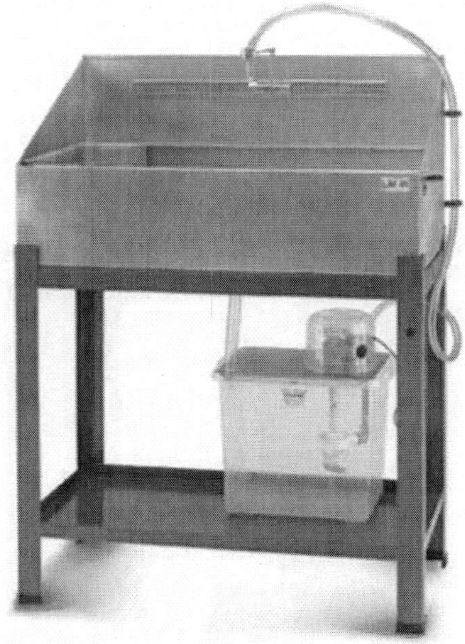

Durante a lavagem das peças, as medidas de segurança deverão ser tomadas:

✓ Utilizar óculos de segurança.
✓ Manter o desengraxante sempre limpo e filtrado.
✓ Decantar o desengraxante, uma vez por semana, se as lavagens forem frequentes.
✓ Usar luva de nitrílica de proteção.
✓ Usar avental.
✓ Manter a máquina em bom estado de conservação.
✓ Limpar o piso e outros locais onde o desengraxante tiver respingado.
✓ Lavar as mãos e os braços, após o término das lavagens, para evitar problemas com a pele.

## Secagem rápida das peças

É muito comum dentro das indústrias acelerar os processos de secagem das peças usando ar comprimido. Para alguns elementos de máquinas não é recomendada a utilização do ar comprimido, pois possui um alto teor de umidade e pode ser prejudicial para elementos de máquinas sensíveis, tais como rolamentos entre outros.

Caso seja possível utilizar o ar comprimido para secagem rápida das peças devemos proceder da seguinte forma:

- ✓ Regular o manômetro para a pressão máxima de 4 bar, que corresponde a pressão ideal para a secagem.
- ✓ Jatear (soprar) a peça de modo que os jatos de ar atinjam-na obliquamente, para evitar o agravamento de trincas existentes.

## Normas de segurança no uso de ar comprimido

- ✓ Evitar jatos de ar comprimido no próprio corpo e nas roupas. Essa ação imprudente pode provocar a entrada de partículas estranhas na pele, boca, nariz e pulmões.
- ✓ Evitar jatos de ar em ambiente com excesso de poeira e na limpeza de máquinas em geral. Nesse último caso, o ar pode levar partículas abrasivas para guias e mancais, acelerando o processo de desgaste por abrasão.
- ✓ Sempre utilizar óculos de segurança.
- ✓ Sempre utilizar luvas de segurança.

## Manuais e croquis

Geralmente os Ativos são acompanhados de manuais que mostram desenhos esquematizados dos seus componentes. O objetivo dos manuais é orientar quem for operar e manusear estes ativos nas tarefas do dia a dia.

Entretanto, certos Ativos antigos ou de procedência estrangeira são acompanhados de manuais de difícil interpretação. Nesse caso, é recomendado que se faça a tradução dos mesmos ou elaborar um croqui (esboço) dos conjuntos desmontados desses Ativos, o que facilitará as operações posteriores de montagem.

## Atividades pós-desmontagem

Após a desmontagem dos conjuntos mecânicos, algumas atividades necessitam ser realizadas para que possamos disponibilizar os componentes, os elementos e ou as peças, pois todas necessitam estar em perfeitas condições operacionais para que possamos iniciar a montagem do conjunto.

Para isso será preciso seguir as recomendações abaixo:

- ✓ Inspecionar todas as peças.
- ✓ Confeccionar novas peças.
- ✓ Substituir os elementos mecânicos danificados.
- ✓ Substituição de elementos de fixação.
- ✓ Recuperação de roscas.
- ✓ Correção de erros de projeto.
- ✓ Recuperação de eixos e chavetas.

Estas são as ações básicas e mínimas as quais os profissionais da manutenção devem se basear para que possam realizar uma boa desmontagem dos conjuntos mecânicos com segurança, qualidade e confiabilidade.

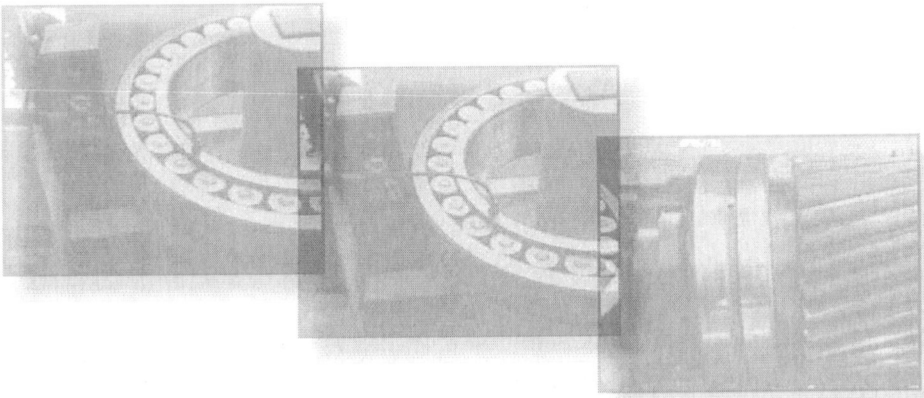

# 6 – Técnicas de Montagem de Conjuntos Mecânicos

Qualquer montagem tem por objetivo maior a construção de um todo, constituído por uma série de elementos que são fabricados separadamente. Os mesmos devem ser colocados em uma sequência correta, isto é, montados segundo normas preestabelecidas, para que o todo seja alcançado e venha a funcionar adequadamente.

Em manutenção mecânica, esse todo é representado pelos conjuntos mecânicos que darão origem as máquinas e equipamentos.

A montagem de conjuntos mecânicos exige a aplicação de uma série de técnicas e cuidados por parte do mecânico de manutenção. Além disso, o mecânico deverá seguir, caso existam, as especificações dos fabricantes dos componentes a serem utilizadas na montagem dos conjuntos mecânicos.

Outro cuidado que o mecânico de manutenção deverá ter, quando se trata da montagem de conjuntos mecânicos, é controlar a qualidade das peças a serem utilizadas, sejam elas novas ou recondicionadas. Nesse aspecto, o controle de qualidade envolve a conferência da peça e suas dimensões.

Sem controle dimensional ou sem conferência para saber se a peça é realmente a desejada e se ela não apresenta erros de construção, haverá riscos para o conjunto a ser montado.

De fato, se uma peça dimensional mente defeituosa ou com falhas de construção for colocada em um conjunto mecânico, poderá produzir outras falhas e danos em outros componentes.

Recomendações para a montagem:

- ✓ Verificar se todos os elementos a serem montados encontram-se perfeitamente limpos, bem como o ferramental.
- ✓ Examinar os conjuntos a serem montados para se ter uma ideia exata a respeito das operações a serem executadas.
- ✓ Consultar planos ou normas de montagem, caso existam.
- ✓ Examinar em primeiro lugar a ordem de colocação das diferentes peças antes de começar a montagem, desde que não haja planos e normas relativas à montagem.
- ✓ Verificar se nos diferentes elementos mecânicos há pontos de referência. Se houver, efetuar a montagem segundo as referências existentes.
- ✓ Evitar a penetração de impurezas nos conjuntos montados, protegendo-os adequadamente.
- ✓ Fazer testes de funcionamento dos elementos, conforme a montagem é realizada, para comprovar o funcionamento perfeito das partes. Por exemplo, verificar se as engrenagens estão se acoplando sem dificuldade. Por meio de testes de funcionamento dos elementos, é possível verificar se há folgas e se os elementos estão dimensionalmente adequados e colocados nas posições corretas.
- ✓ Lubrificar as peças que se movimentam para evitar desgastes precoces causados pelo atrito dos elementos mecânicos.

Métodos utilizados para realização da montagem:

Nos setores de manutenção mecânica das indústrias, basicamente são aplicados dois métodos para fazer a montagem de conjuntos mecânicos: a montagem peça a peça e a montagem em série.

## Montagem peça a peça

Geralmente a montagem peça a peça é feita sobre bancadas. Como exemplo, a figura ao lado mostra a sequência de operações a ser realizada para a montagem de uma bomba de engrenagens.

Como todas as peças já estão ajustadas, a atividade de montagem propriamente dita se limita a uni-las ordenadamente. Um controle de funcionamento indicará se é preciso fazer correções.

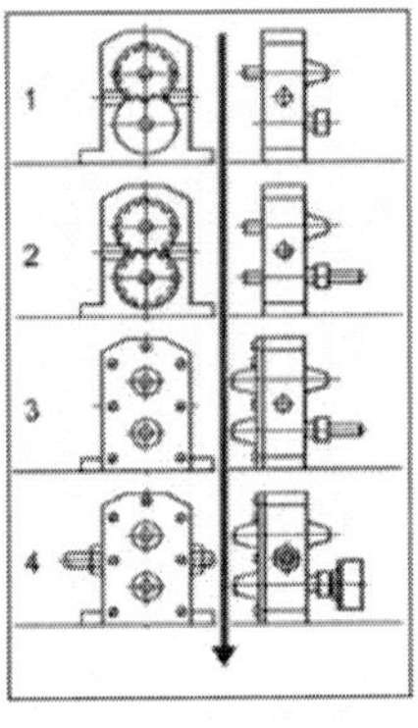

**Montagem em série**

A imagem a seguir nos mostra a sequência de operações a ser realizada para a montagem de uma série de bombas de engrenagem.

Caso não haja manual de instruções ou esquema de montagem, deve proceder da seguinte forma:

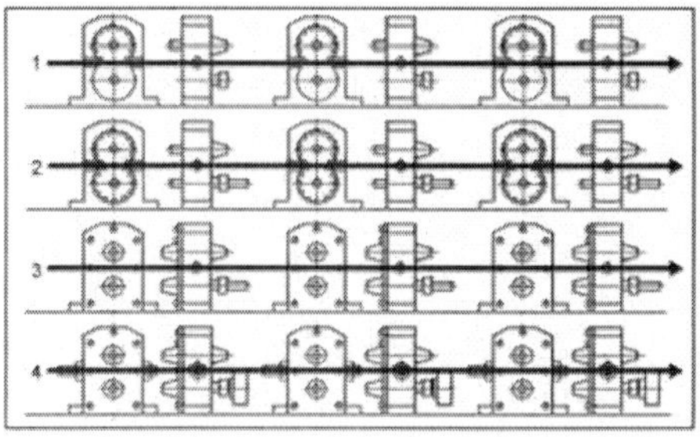

- ✓ Fazer uma análise detalhada do conjunto antes de abri-lo ou desmontá-lo.
- ✓ Fazer um croqui mostrando como os elementos serão montados no conjunto.
- ✓ Anotar os nomes dos elementos à medida que vão sendo retirados do conjunto.

A montagem deve ser baseada no croqui e nas anotações feitas anteriormente, invertendo-se a sequência de desmontagem com muita atenção e cuidado ao manusear os componentes e elementos que irão compor o ativo.

# 7 – Elementos de Máquinas

Elementos de máquinas são componentes mecânicos básicos usados como blocos da maioria das máquinas.

A maior parte dos elementos de máquinas seguem normas técnicas de padronização, mas variações são também comuns para aplicações específicas.

Um projeto de máquinas surge sempre para satisfazer uma necessidade, seja ela industrial, comercial ou pessoal.

Tais projetos sempre nascem da habilidade de alguém ou de um grupo de pessoas em transformar uma ideia em um projeto de um mecanismo o qual se destina a executar uma função requerida.

A partir da transformação da ideia em projeto, segue um estudo detalhado de suas partes, as formas nas quais serão montadas, a velocidade, o dimensional, a localização das partes e dos componentes tais como retentores, engrenagens, rolamentos, correias, fixações, entre diversos outros.

Este processo sempre será submetido a diversas revisões e readequações, onde melhores ideias substituirão as ideias iniciais até que se encontre o ponto ideal para a concepção do projeto.

Os elementos de máquinas podem ser classificados em grupos conforme sua função. Dentre os vários elementos de máquinas existentes, pode-se citar elementos de fixação, como parafusos, porcas e arruelas, elementos de transmissão, como correias e polias, elementos de apoio, como mancais, guias e rolamentos, etc.

Existem algumas características ou considerações que influenciam a seleção de um elemento de máquina. Resistência, confiabilidade, utilidade, custo e peso são alguns exemplos disto.

A partir do exposto pode-se perceber que a escolha e o dimensionamento dos elementos de máquina exigem do projetista alguns conhecimentos básicos: no projeto de um componente de máquina ou de uma estrutura, existe a necessidade de determinarmos as dimensões necessárias, para que o componente possa suportar as solicitações.

O dimensionamento entende a determinação das dimensões de um elemento de máquina de tal forma que ele possa resistir e garantir o bom funcionamento da peça ou equipamento durante o trabalho.

Para tanto, é necessário o conhecimento dos fundamentos da Resistência dos Materiais e das propriedades dos Materiais, e para a manutenção , é necessário que conheça as técnicas e boas práticas mundiais para melhorar sua performance e ou manter suas funções requeridas.

## 7.1- Retentores

Os retentores são elementos de máquinas que têm a função principal de reter óleos, graxas e outros tipos de fluídos, que devem ser contidos no interior de uma máquina, evitando também a entrada de impurezas do meio externo, por exemplo: terra, areia, poeira, fumos entre outros.

Os retentores são utilizados nos mais variados segmentos, estão presentes no dia a dia de todos os segmentos mecânicos desde carros, caminhões, ônibus, motocicletas, máquinas agrícolas, até eletrodomésticos, aviões e máquinas industriais.

Praticamente quase todas as máquinas que se movimentam mecanicamente têm retentores, sem os quais, os rolamentos não giram o mundo.

O **retentor** é sempre aplicado entre duas peças que tenham um movimento relativo, por exemplo: entre um eixo que transmite um movimento e a carcaça de sustentação do mancal deste respectivo eixo conforme a imagem abaixo.

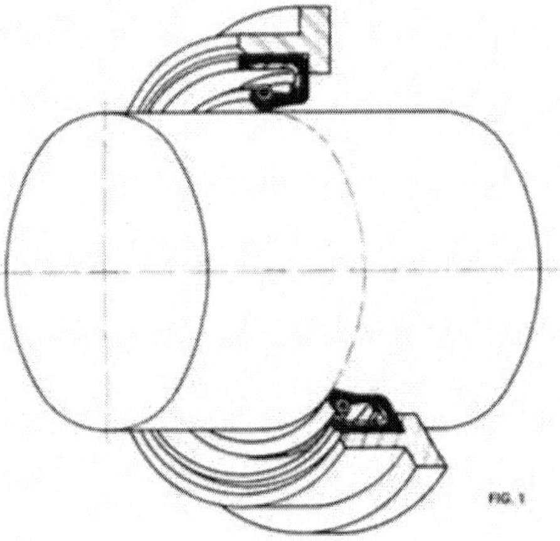


O retentor cumpre esta função de vedação tanto na condição estática, de máquina parada, como na condição dinâmica, em movimento, e também na variedade de condições de temperatura e meio externo, para as quais a máquina está projetada.

A vedação se dá pelo contato permanente que ocorre entre a aresta do lábio de vedação e o eixo da máquina.

Para completar a estanqueidade com o meio externo, é preciso que haja também a vedação entre a parte externa estrutural do vedador e a carcaça.

O retentor é subdivido em várias partes as quais exercem funções distintas em sua aplicação:

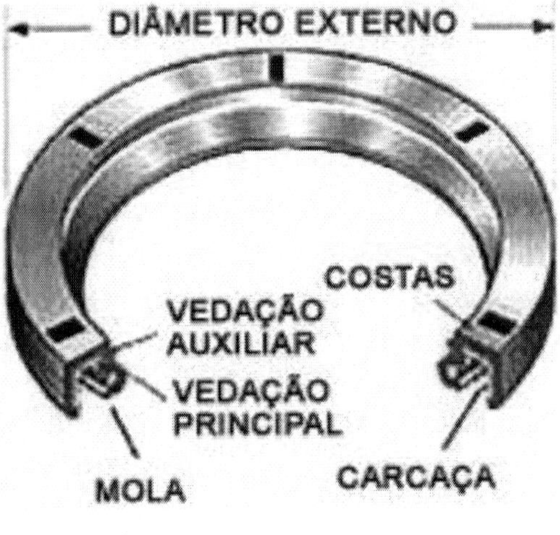

***Vedação Principal***: é o lábio do ***retentor*** que tem a função de reter o fluído quando o eixo está na condição dinâmica ou estática.

***Mola***: tem a função de compensar a carga radial exercida sobre eixo.

***Vedação Auxiliar:*** é o guarda pó do retentor que tem a função de proteger a vedação principal da sujeira e outros elementos.

***Diâmetro externo***: proporcionar a interferência entre o alojamento e o retentor. Tipos existentes:

- Com revestimento de borracha liso.
- Com revestimento de borracha ondulado.
- Metálico.
- Metade Borracha / Metade Carcaça.
- Com pintura emborrachada.

***Carcaça:*** função de fornecer a estrutura ao retentor para suportar seu perfil e também para a montagem do alojamento

***Costas***: função de apoio para dispositivos de montagem e como indicador do sentido da rotação.

***Princípio de Vedação***: partindo-se do lábio convencional, pode-se obter uma maior eficiência de vedação adicionando-se nervuras moldadas ao ângulo de ar, que proporcionam o conhecido efeito hidrodinâmico de vedação. Este efeito hidrodinâmico promove o refluxo ao óleo que, eventualmente, tenha ultrapassado aresta de vedação, conferindo ao lábio uma maior capacidade de estanqueidade, e ainda uma maior durabilidade, por garantir uma permanente lubrificação na área de contato sob a aresta de vedação. Existem várias formas geométricas de nervuras hidrodinâmicas, cuja escolha é determinada pelas condições de aplicação do retentor.

Para aplicação dos Retentores, o uso adequado do tipo de borracha é um dos fatores fundamentais que garante a eficiência. A vedação se dá por meio da interferência do lábio elastomérico sobre o eixo. Esta condição de trabalho provoca o aparecimento de uma força de atrito na área do lábio com a direção do movimento do eixo e sentido contrário ao mesmo. A força de atrito e a velocidade periférica do eixo tornam-se responsáveis por uma geração de calor localizada na área de contato do lábio, que tende a promover a degeneração do material e o desgaste do lábio de vedação.

A contenção destes efeitos é conseguida primordialmente pela escolha correta do material elastomérico. Na imagem abaixo são mostradas as várias qualidades de elastômeros e recomendações genéricas de uso para os diferentes fluidos e limites de temperaturas de trabalho.

Fig. 2

| Código do elastômero, de acordo com as Normas ISO 1629 e DIN 3761 | Tipo de Borracha | Limite de temperatura mínima de trabalho (°C) | Óleos para motor | Óleo para Caixa de Mudanças | Óleos Hipóides | Óleos p/ Transm. Automática (A.T.F.) | Graxa | Gasolina + Óleo Motor 2T | Álcool + Aditivos | Aplicações Gerais |
|---|---|---|---|---|---|---|---|---|---|---|
| | | | Limites de Temperatura máxima de trabalho (°C) | | | | | | | |
| NBR | Nitrílica | -35 | 110 | 110 | 110 | 120 | 90 | 100 | 100 | Material normalmente utilizado para máquinas e equipamentos industriais. Muito utilizado na indústria automotiva para aplicações gerais. |
| ACM | Poliacrílica | -15 | 130 | 120 | 120 | 130 | - | - | - | Material largamente utilizado para motores e transmissões na indústria automobilística. |
| MVQ | Silicone | -50 | 150 | - | - | 130 | - | - | - | Material usualmente empregado em motores de elevado desempenho e em conversores de torque de transmissões automáticas. |
| FPM | Fluorelastômetro | -30 | 150 | 150 | 150 | 150 | - | 125 | 125 | Material empregado em motores e transmissões, altamente solicitados. |

Na próxima imagem é mostrado um gráfico que indica os limites de velocidade periférica do eixo para cada material, prevendo-se que haja uma boa lubrificação do lábio e também que a pressão interna da máquina seja praticamente igual à pressão externa.

Fig. 3

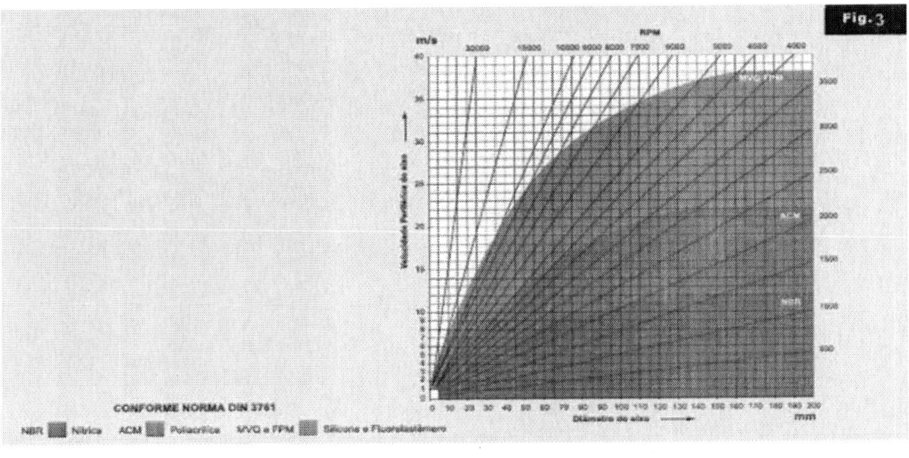


Estas considerações para escolha do material elastomérico devem ser consideradas somente como uma orientação geral, pois nunca relacione a aplicação do retentor com sua cor, pois a mesma é um corante e não acrescenta nenhuma propriedade ao produto.

***Elementos Básicos de um Retentor:***

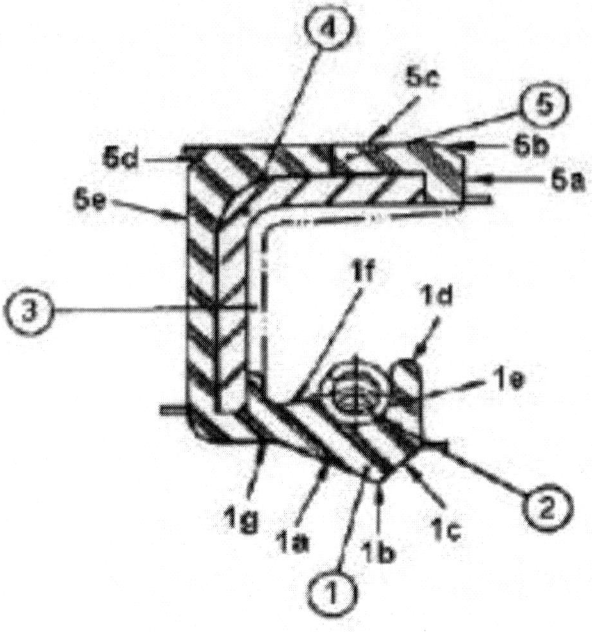


1- Membrana Elastomérica ou lábio.
   1 a – ângulo de ar.
   1 b – ângulo de vedação.
   1 c – ângulo de óleo
   1 d – região de cobertura da mola.
   1 e – alojamento da mola.
   1 f – região interna do lábio.
   1 g – região do engate do lábio.
2- Mola de Tração.
3- Região interna do vedador, eventualmente recoberta por material elastomérico.

4- Anel de reforço metálico ou carcaça.

5- Cobertura externa elastomérica.

5 a – borda.

5 b – chanfro da borda.

5 c – superfície cilíndrica externa ou diâmetro externo.

5 d – chanfro das costas.

5 e – costas.

***Tipos de retentores***

Abaixo serão apresentados os tipos mais comuns de retentores e suas possíveis aplicações:

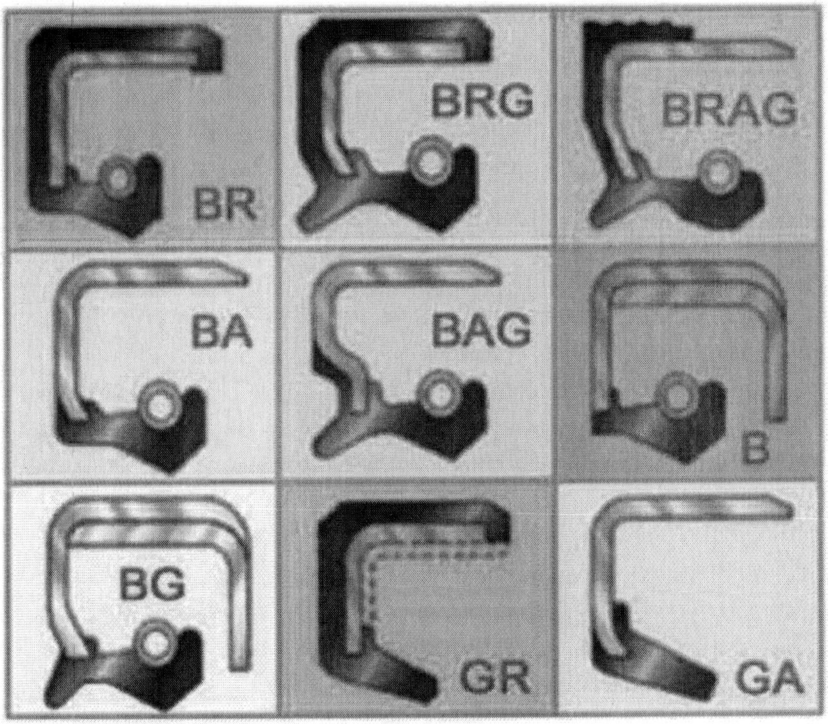


***Retentor BR:*** Vedação principal com mola, recoberto externamente com borracha.

***Retentor BRG:*** Vedação principal com mola, proteção contra poeira e recoberto externamente com borracha.

***Retentor BRAG:*** Vedação principal com mola, proteção contra poeira e diâmetro externo, metade borracha metade metal. Aplicados em motores e transmissores.

***Retentor BA:*** Vedação principal com mola, diâmetro externo de metal. Geralmente utiliza-se pintura emborrachada no diâmetro externo para auxiliar a vedação.

***Retentor BAG:*** Vedação principal com mola, proteção contra poeira e diâmetro externo metálico. Com as mesmas características do BA.

***Retentor B:*** Vedação principal com mola, diâmetro externo de metal e com tampa. Geralmente aplicados, o rolamento joga óleo diretamente na vedação principal.

***Retentor BG:*** Vedação principal com mola, proteção contra poeira, diâmetro externo de metal com tampa. Com as mesmas características do B.

***Retentor GR:*** Vedação principal sem mola e diâmetro externo recoberto com borracha. É utilizado, na maioria das vezes, para vedação de graxa.

***Retentor GA:*** Vedação principal sem mola e diâmetro externo de metal. São aplicados, na maioria das vezes, para vedação de graxa.

***Retentores Especiais:*** Classificamos como retentores especiais, todos os retentores que não se enquadram nos tipos apresentados acima. Por se tratar de centenas de modelos, apresentamos alguns modelos utilizados com maior frequência.

Os modelos com vedações opostas tipo BAO, BBO e BRO são usados para vedar dois meios, geralmente um fluido e no outro pó abrasivo. O uso de dois retentores tipo BR, montados com os lábios opostos e separados por uma câmara de graxa, apresentam melhor desempenho e suportam maiores pressões do que os retentores especiais com vedações opostas.

Os modelos com mais de uma vedação no mesmo sentido são empregados em vedações com maiores responsabilidades, mas são limitados por deficiência de lubrificação. O ideal é montar dois ou mais retentores tipo BR no mesmo sentido e separados por uma camada de graxa.

Os modelos com vedação externa giram juntos com o eixo. Para rotações menor que 100 rpm pode ser preciso dar maior pressão na mola, por causa da menor ação da força centrífuga, essa maior pressão acarreta um excesso de atrito para baixas rotações, portanto, é difícil conseguir um desempenho satisfatório para esses retentores.

## Montagem do Retentor

A causa mais comum de falha de retentores consiste em danos produzidos no retentor durante o manuseio, durante a estocagem ou, mais frequentemente, na montagem.

Nunca será demais insistir sobre a necessidade de sempre manusear os retentores com o máximo cuidado. Eles devem ser conservados em local limpo e seco e nunca devem ser amontoados ao acaso, pois isso permitiria que os lábios de vedação se danificassem.

Antes de montar o retentor, deve-se examiná-lo cuidadosamente para verificar se o lábio não está danificado, se a mola está colocada corretamente e se está livre de poeira.

Recomenda-se pré-lubrificar os retentores na hora da montagem. A pré-lubrificação favorece uma instalação perfeita do retentor no alojamento e mantém uma lubrificação inicial no lábio durante os primeiros giros do eixo. O fluido a ser utilizado na pré-lubrificação deverá ser o mesmo fluido a ser utilizado no sistema, e é preciso que esteja isento de contaminações.

O método de montagem empregado dependerá da sequência das operações: ou o retentor é instalado inicialmente sobre o eixo e em seguida introduzido no alojamento sob pressão, ou então ele é inicialmente introduzido sob pressão no alojamento e montado no eixo.

Deve-se preferir o primeiro método sempre que possível. A montagem do retentor no alojamento deverá ser efetuada com auxílio de prensa mecânica, hidráulica e um dispositivo que garante o perfeito esquadrejamento do retentor dentro do alojamento.

A superfície de apoio do dispositivo e o retentor deverão ter diâmetros próximos para que o retentor não venha a sofrer danos durante a prensagem. O dispositivo não poderá, de forma alguma, danificar o lábio de vedação do retentor.

Os cantos do eixo devem ter chanfros entre 15º e 25º para facilitar a entrada do retentor. Caso não seja possível chanfrar ou arredondar os cantos vivos dos eixos, ou se o retentor necessitar passar por regiões do eixo onde possui roscas, ranhuras ou entalhes, é recomendado utilizar uma luva de proteção para o lábio do retentor para evitar que o mesmo sofra algum princípio de ruptura.

O diâmetro da luva deverá ser compatível, de forma tal que o lábio não venha a sofrer deformações.

É necessário manter a direção correta dos lábios. A pressão do fluido ajuda na vedação, pois tende a abrir os lábios do retentor. Além disso, manter o eixo centrado em relação ao círculo dos lábios e não danificar os lábios (expandir no máximo 0,8mm no diâmetro).

Evitar rugosidade acentuada da superfície deslizante. Usar manga auxiliar com o fim de evitar o rompimento dos lábios ou danos à parte externa. Untar com graxa a superfície deslizante

## Cuidados Durante a Substituição do Retentor

Sempre que houver desmontagem do conjunto que implique desmontagem do retentor ou do seu eixo de trabalho, recomenda-se substituir o retentor por um novo. Quando um retentor for trocado, mantendo-se o eixo, o lábio do novo retentor não deverá trabalhar no sulco deixado pelo retentor velho.

Riscos, sulcos, rebarbas, oxidação e elementos estranhos devem ser evitados para não danificar o retentor ou acarretar vazamento. Muitas vezes, por imperfeições no alojamento, usam-se adesivos (colas) para garantir a estanqueidade entre o alojamento e o retentor.

Nessa situação, deve-se cuidar para que o adesivo não atinja o lábio do retentor, pois isso comprometeria seu desempenho.

## Recomendações para a aplicação dos retentores

Para que um retentor trabalhe de modo eficiente e tenha uma boa durabilidade, a superfície do eixo e o lábio do retentor deverão atender aos seguintes parâmetros: o acabamento da superfície do eixo deve ser obtido por retificação, seguindo os padrões de qualidade exigidos pelo projeto; a superfície de trabalho do lábio do retentor deverá ser isenta de sinais de batidas, sulcos, trincas, falhas de material, deformação e oxidação; a dureza do eixo, no local de trabalho do lábio do retentor, deverá estar acima de 28 HRC.

## Condições de armazenagem dos retentores

Durante o período de armazenamento, os retentores deverão ser mantidos nas próprias embalagens. A temperatura ambiente deverá permanecer entre 10ºC e 40ºC. Manipulações desnecessárias deverão ser evitadas para preservar os retentores de danos e deformações acidentais. Cuidados especiais precisam ser observados quanto aos lábios dos retentores, especialmente quando eles tiverem que ser retirados das embalagens.

## Informação

Em caso de vazamento do retentor pelo atrito gerado entre o eixo e a vedação principal, recomenda-se a substituição imediata do componente. Entretanto, caso não tenha outro retentor para substituir de imediato e seja extremamente necessário dar continuidade operacional no processo, para os retentores com vedação por mola, é possível retirar a mola, abrir a mesma, pois sua montagem é realizada por sistema de rosqueamento nas extremidades das molas e realizar um corte na extremidade fêmea e rosquear novamente as extremidades da mola. Assim irá reduzir o diâmetro do lábio interno do retentor, comprimindo mais o mesmo contra o eixo, eliminando o ponto de vazamento. Porém, é necessário programar a substituição do retentor o mais rápido possível, pois esta prática deve ser tratada com paliativa para evitar a parada de produção.

### Análise de falhas e prováveis causas de vazamentos nos Retentores

| *Falha* | *Provável Causa de Vazamento* |
|---|---|
| *Lábio do retentor apresenta-se cortado ou com arrancamento de material* | *Armazenagem descuidada; Má preparação do eixo; Falha na limpeza; Falta de proteção do lábio na montagem.* |
| *Lábio do retentor apresenta-se com desgaste excessivo e uniforme* | *Superfície do eixo mal acabada; Falta de pré-lubrificação durante a montagem; Uso de lubrificante não recomendado;*<br>*Diâmetro do eixo acima do especificado; Rugosidade elevada.* |
| *Lábio com desgaste excessivo concentrado em alguma parte do perímetro.* | *Montagem desalinhada ou excêntrica; Deformação nas costas do retentor por uso de ferramenta inadequada na montagem; Retentor inclinado no alojamento.* |
| *Eixo apresenta desgaste excessivo na pista de trabalho do lábio* | *Presença de partículas abrasivas; Dureza do eixo incorreta; Armazenagem e manipulação do eixo errada.* |
| *Eixo apresenta-se com marcas de oxidação na área de trabalho do retentor* | *Falta de boa proteção contra oxidação durante a armazenagem e manipulação do eixo.* |

| | |
|---|---|
| *Lábio endurecido e com rachaduras na área de contato com o eixo* | *Superaquecimento por trabalhos em temperaturas acima dos limites normais; Lubrificação inadequada; Nível de lubrificante abaixo do recomendado.* |
| *Retentor apresenta-se com deformações no diâmetro ou apresenta-se inclinado no alojamento* | *Diâmetro do alojamento com medidas abaixo do especificado; Chanfro de entrada irregular com rebarbas ou defeitos; Instalação com ferramentas inadequadas.* |

## 7.2 — Rolamentos

Os rolamentos são conjuntos de aros metálicos, em cujo interior estão esferas ou cilindros de aço para facilitar o movimento de outra peça, ordinariamente um eixo giratório, oferecendo o mínimo de reação por atrito.

Mas não é apenas isto. Rolamento é um dispositivo que assegura uma conexão móvel entre dois elementos e um mecanismo com a finalidade de transmitir rotação, deve trabalhar sob cargas, de forma precisa, focando na redução do atrito a fim de garantir uma maior vida útil do ativo.

A estrutura básica de um rolamento é composta por:

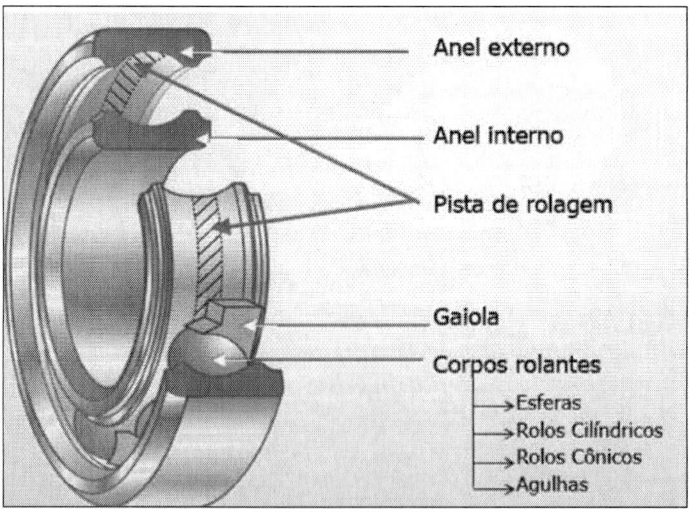

Características dos componentes básicos de um rolamento:

***Anel Externo:*** é a estrutura externa do rolamento que deve ficar fixada no alojamento para garantir uma rigidez do conjunto.

***Anel Interno:*** é a estrutura interna do rolamento que deve ser fixada no eixo para garantir a transmissão do movimento do conjunto.

***Corpos Rolantes***: são os componentes que irão realizar o trabalho de giro do rolamento sustentando as cargas e reduzindo o atrito. Os corpos rolantes podem ser de:

a) **Esferas**: peças cilíndricas que facilitam o movimento.
b) **Rolos**: peças cilíndricas ou cônicas que também têm a função de facilitar os movimentos.
c) **Agulhas**: são roletes que possuem uma largura 2,5 vezes ou maior que seu diâmetro, utilizado onde necessita de suportar uma carga significativa com um espaço bem restrito.

***Gaiola:*** é a estrutura que literalmente prende os corpos rolantes e suas funções são destinadas a separar os corpos rolantes, manter sua equidistância fazendo com que a carga seja distribuída proporcionalmente, ajudar na guia dos corpos rolantes, auxiliar na distribuição de óleo/graxa e reduzir o ruído do rolamento. As gaiolas podem ser de materiais distintos dependendo da aplicação. Existem gaiolas de aço, latão, poliamida e materiais especiais.

***Pista de Rolagem:*** é o caminho dos corpos rolantes, a estrada por onde irão caminhar. Por isso, é importante existir um perfeito acabamento superficial para o bom funcionamento e passagem dos corpos rolantes, este acabamento visa minimizar o atrito.

***Proteções:*** são dispositivos agregados às laterais dos rolamentos que visam manter a limpeza e lubrificação, impedindo a entrada de outros agentes ou contaminantes e a saída do lubrificante. Existem basicamente dois tipos de proteções:

a) Blindagem: são proteções laterais fabricadas em aço as quais são utilizadas em ambientes com partículas sólidas e ou normalmente muito quentes. Também destinadas a velocidades maiores devido à abertura entre as folhas de aço e os anéis evitando o atrito. Sua nomenclatura recebe comumente a notificação de ZZ.

b) Vedações: são proteções fabricadas em elastômero as quais são utilizadas em ambientes úmidos e ou com vapores poluentes, e para ambientes mais quentes necessita de uma característica adicional para suportar tal temperatura. Possui um contato constante entre as folhas de elastômero com os dois anéis do rolamento, gerando um atrito significativo que limita sua velocidade de atuação. Sua nomenclatura não é padronizada onde cada fabricante pode usar a especificação que desejar, porém comumente pode ser reconhecida pelas siglas EE, DDU, LLU, 2RS entre outras.

Basicamente, possuímos dois tipos de rolamentos os de esferas e os de roletes, os quais se diferem pelas seguintes características técnicas:

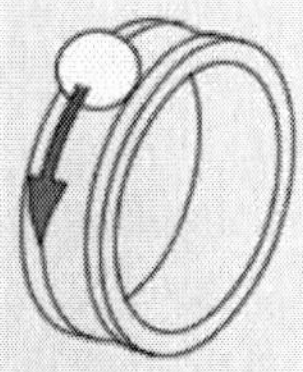

- Contato de Esferas;
- Atuação na Pista: Pontual (ponto);
- Suporta Cargas: Moderadas;
- Suporta Velocidade: Maior (atrito entre pista e corpo rolante é menor).

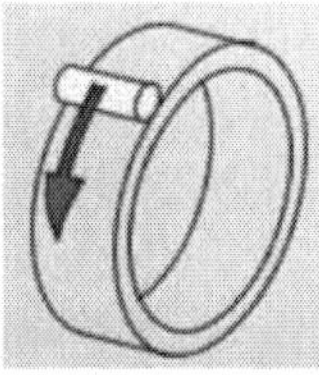

- Contato de Rolos;
- Atuação na Pista: Linear (linha);
- Suporta Cargas: Elevadas;
- Suporta Velocidade: Menor (atrito entre pista e corpo rolante é maior).

Dependendo do tipo de carga, a forma de contato em um rolamento varia. Por este motivo é fundamental conhecer bem a aplicação para saber o tipo de rolamento que devemos utilizar.

As formas normais são:

**Carga Radial**

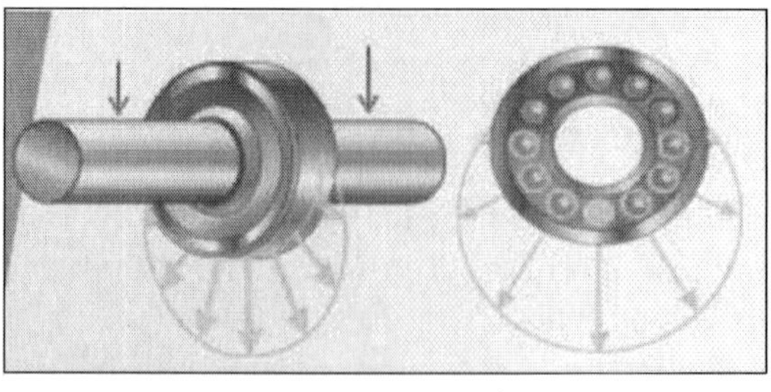

- A carga radial atua no sentido do raio.
- Perpendicular ao Eixo.
- Carga atua na parte inferior do rolamento;
- Distribuída 180º no rolamento;
- Ex.: carrinho de mão.

**Carga Axial**

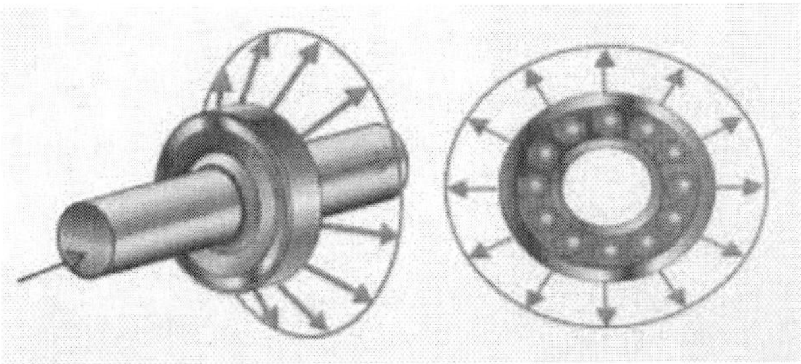

- Sentido do Eixo;
- Paralela ao Eixo;
- Carga atua em todo o rolamento;
- Distribuída 360º no rolamento;
- Ex.: furadeira de mão.

Alguns rolamentos especiais podem suportar um determinado desalinhamento, onde desalinhamento nada mais é do que o deslocamento angular do componente.

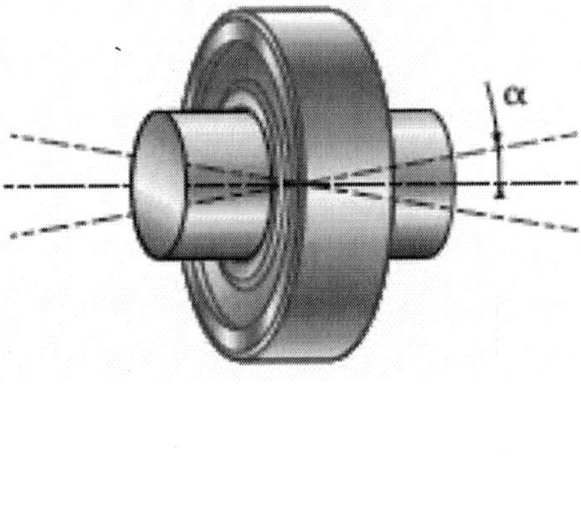

Este desalinhamento refere-se ao quanto é admissível entre o eixo e o alojamento do rolamento, sem que o mesmo seja prejudicado. Os rolamentos autocompensadores são os tipos mais viáveis para este caso.

Portanto, engana-se quem acredita que o desalinhamento suportado pelos rolamentos autocompensadores serão suficientes para corrigir um desalinhamento de instalação. Esses rolamentos apenas corrigem um desalinhamento de projeto, onde se utiliza um eixo muito longo e flexível que tende a flambar com mais facilidade, ou um equipamento que por sua natureza já possui uma vibração significativa.

O desalinhamento suportado pelos rolamentos autocompensadores são tão insignificantes que raramente é possível mensurar em campo. Abaixo, segue a relação de compensação dos tipos mais comuns de rolamentos:

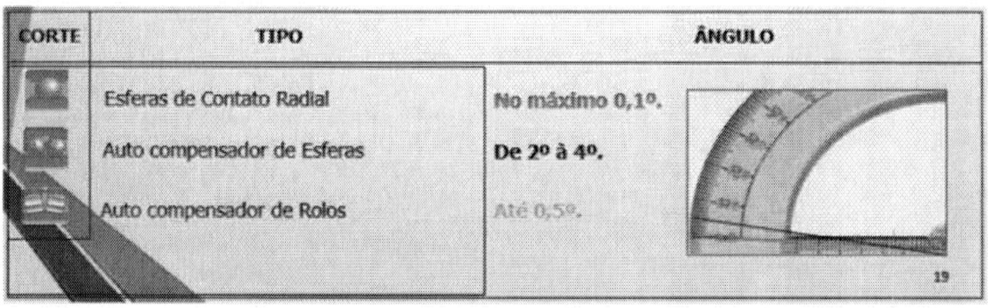


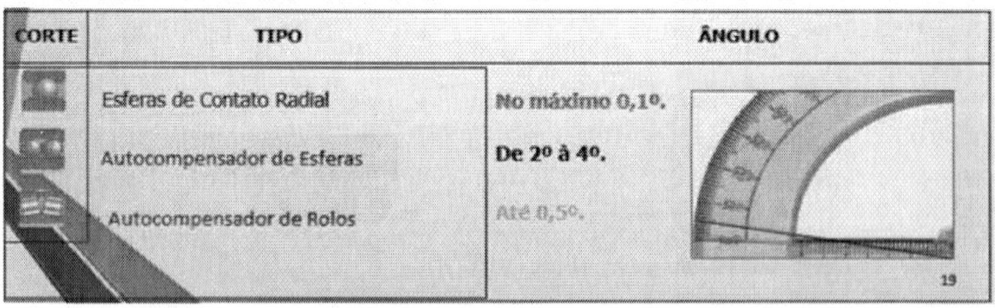

Os rolamentos possuem basicamente os seguintes tipos de contatos:

| CORTE | TIPO | APTIDÃO |
|---|---|---|
| | Esferas de Contato Radial | Muito difundido (Preço x Desempenho) |
| | Esferas de Contato Oblíquo | Montados em oposição a outro rolamento (maior rigidez) |
| | Autocompensador de Esferas | Permite um deslocamento angular |
| | De Rolos Cilíndricos | Resistência à sobrecargas instantâneas e choques |
| | De Rolos Cônicos | Montados em oposição a outro rolamento (maior rigidez) |
| | Autocompensador de Rolos | Permite um deslocamento angular |
| | Batentes de Esferas/Rolos (Rolamentos Axiais) | Suporta apenas carga axial |
| | Rol. de Agulhas (Comprimento > 2x Diâmetro) | Aceita carga radial relativamente elevada em pouco espaço |

Suas aplicações básicas são:

| CORT E | TIPO | APLICAÇÃO |
|---|---|---|
| | Esferas de Contato Radial | Motor Elétrico, Eletrodoméstico, Roda de Reboque, etc. |
| | Esferas de Contato Oblíquo | Caixa de Redução, Fuso de Máquina, etc. |
| | Autocompensador de Esferas | Eixo longo e Flexível, etc. |
| | De Rolos Cilíndricos | Grande Motor Elétrico, Cilindro de Laminação, etc. |
| | De Rolos Cônicos | Eixo Redutor, Roda de Veículos Pesados, etc. |
| | Autocompensador de Rolos | Gaiola do Laminador, Máquina de Pedreira, etc. |
| | Batentes de Esferas/Rolos (Rolamentos Axiais) | Eixo Vertical, Contraponto, Bomba de Platô, etc. |
| | Rol. de Agulhas (Comprimento > 2x Diâmetro) | Roda de Veículos leves, etc. |

Outro fator extremamente importante referente aos rolamentos é a identidade de cada rolamento. Nós temos um nome e o rolamento também. Para saber mais sobre nós precisa conhecer nossa identidade, ou seja, nosso RG.

Os rolamentos também possuem suas identidades ou seus RGs que neste caso são conhecidos como codificação dos rolamentos.

O código de um rolamento diz tudo o que precisamos saber sobre ele, suas características, suas dimensões e suas aplicações. Porém, para que possamos desvendar seus mistérios temos que aprender como decifrar seu código.

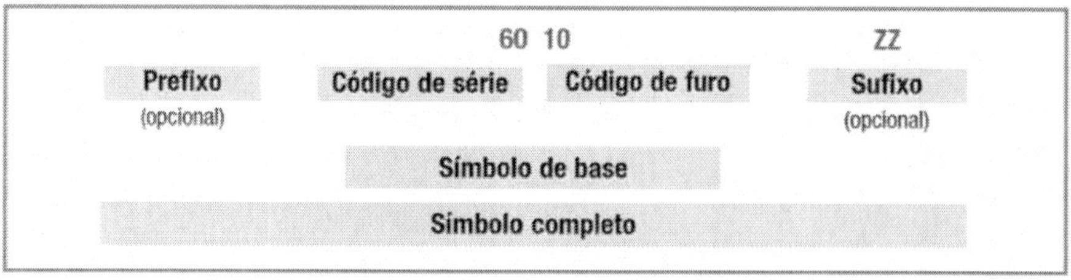


É importante saber que o miolo do código de um rolamento, ou seja, os números são padronizados pela ISO e representam as mesmas informações para qualquer fabricante. Já os sufixos e os prefixos podem mudar dependendo do fabricante onde cada um tem liberdade de criar sua própria codificação.

O primeiro número de um rolamento nos mostra o tipo do rolamento, ou seja, a família a qual ele pertence. O segundo número nos dá uma ideia do diâmetro externo do rolamento, onde o corpo rolante cresce de acordo com a ordem crescente dos números. Sempre que o corpo rolante aumentar seu tamanho, proporcionamente o diâmetro externo do rolamento também será aumentado. Não existe nenhuma fórmula para se descobrir tal proporção de crescimento, somente verificando a medida do diâmetro externo no manual.

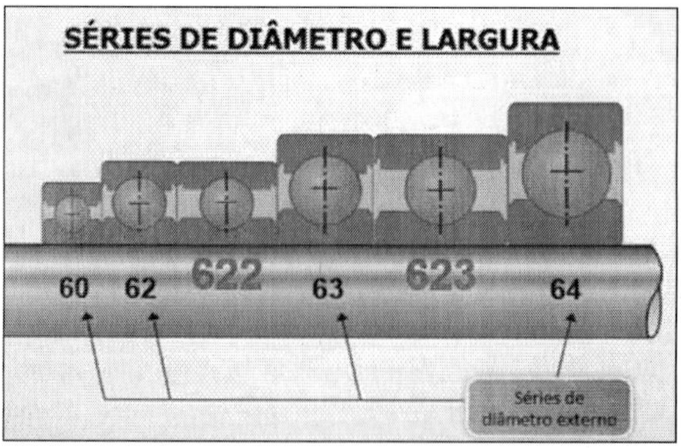


Quando aparecer um terceiro número acomodado entre o primeiro e o segundo, onde automaticamente em ordem crescente indica que o mesmo aumentou nos mostrando assim que o rolamento aumentou sua largura, se tornando mais robusto.

Os dois últimos números de um rolamento nos indica o diâmetro do eixo, ou seja, nos informa o tamanho do diâmetro interno do furo do rolamento, onde para se descobrir qual o diâmetro é necessário multiplicar os dois últimos números do rolamento por 5.

Esta constante nos indica que para um rolamento com código base 6010, multiplica-se como na fórmula a seguir 10x5=50. Isso nos informa que o diâmetro interno do furo deste rolamento é de 50mm.

| Diâmetro interno, mm | 20 | 25 | 30mm ... |
|---|---|---|---|
| Código diâmetro | 04 x5=20 | 05 x5=25 | 06 x5=30 |

NU208 (40mm)
22222 (110mm)

Esta regra básica somente pode ser aplicada em rolamentos a partir da codificação xx04. Pois, para a codificação com final inferior a 04, não existe fórmula e sim valores já predefinidos que temos que decorar ou buscar em manuais conforme abaixo:

| Diâmetro interno, mm | 3 | 4 | 5 | 6 | 7 | 8 | 9 | 10 | 12 | 15 | 17 |
|---|---|---|---|---|---|---|---|---|---|---|---|
| Código diâmetro | 3 | 4 | 5 | 6 | 7 | 8 | 9 | 00 | 01 | 02 | 03 |

634 (4mm)
608 (8mm)

6200 (10mm)
51203 (17mm)

Como os sufixos e os prefixos podem variar de fabricante para fabricante, fica complicado externar as características de cada letra e ou código, sendo assim, orientamos a buscar nos manuais as informações pertinentes a cada fabricante.

Entretanto, temos um tópico que necessitamos abordar, pois se trata das folgas dos rolamentos.

É importante salientar que todo rolamento possui uma folga radial, onde folga radial nada mais é do que o espaço existente entre os corpos rolantes e o anel externo dos rolamentos.

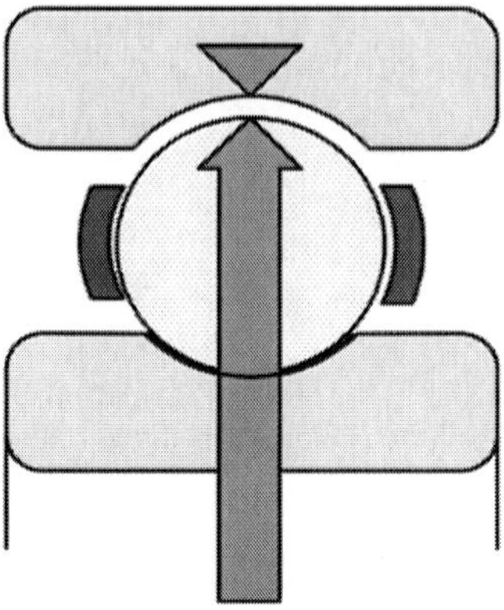

Sempre que instalamos um rolamento, este espaço existente tende a ser reduzido, como mostra a figura abaixo:

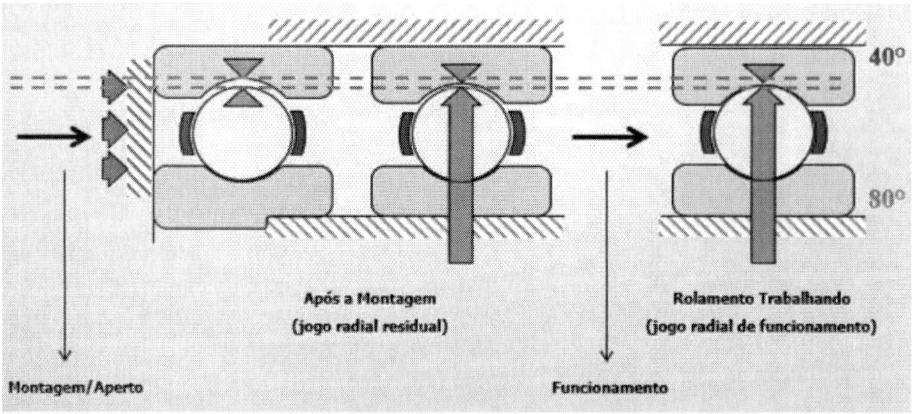


Quanto mais o rolamento entra no alojamento, mais reduzimos esta folga. E o que é mais importante é que quando o rolamento entra em processo de trabalho, sempre tenderá a aquecer e neste momento em que aquece a tendência é de que esta folga seja ainda mais reduzida devido a dilatação dos componentes.

Como podemos observar na figura acima, esta folga será reduzida ainda mais devido ao fato dos componentes não dilatarem proporcionalmente, pois sempre no centro do rolamento, onde se encontra o eixo, estará mais quente, pois o anel externo do rolamento que se encontra no alojamento geralmente está em contato com o ambiente e pode facilmente trocar calor reduzindo a temperatura da parte externa e automaticamente mantendo um coeficiente de dilatação muito menor do que o anel interno.

De posse desta observação vale a pena ressaltar que devemos sempre manter as folgas necessárias determinadas para cada rolamento, para que possamos garantir um perfeito funcionamento do conjunto.

As folgas, embora sejam sufixos, também são padronizadas pela ISO e recebem classes distintas para que possamos respeitá-las durante a montagem dos rolamentos e seu funcionamento.

- Folga C 1 – Folga Menor que a C 2.
- Folga C 2 – Folga Menor que a C 0 ou Normal.
- Folga C 0 – Folga Normal.
- Folga C 3 – Folga Maior que a Normal.
- Folga C 4 – Folga Maior que a C 3.
- Folga C 5 – Folga Maior que a C 4.

Para um bom funcionamento, o rolamento deverá seguir algumas exigências tais como:

a) Temperatura de funcionamento entre -20º C e +110º C, respeitando a dilatação e qualidade do óleo/graxa;

b) Boa lubrificação (adequada, onde o excesso e falta são prejudiciais);

c) Trabalhar com velocidade aceitável (suficiente, porém inferior ao limite);

d) Cargas adequadas (dentro das especificações);

e) Folga interna de funcionamento correta (para evitar as consequências da vibração ou ausência de folga);

f) Precisão;

g) Peças de apoio com qualidade;

h) Sem contaminação/poluição (correto sistema de vedação);

i) Correto alinhamento;

Quando mencionamos peças de apoio com qualidade, devemos sempre lembrar que todas as peças de apoio e ou todos os periféricos também devem estar em perfeito estado de funcionamento:

Os mancais devem estar dentro das medidas corretas. Os eixos devem estar alinhados sem batimento excessivo e com as tolerâncias corretas bem como sem ranhuras ou desgastes. As vedações em perfeito estado de utilização.

Somente com a perfeição de todo o conjunto será possível realizar uma instalação correta e garantir o correto funcionamento do ativo e que sua vida útil seja almejada.

O desempenho de um rolamento é medido através de sua vida útil, a qual é:

***"Número de revoluções que ele pode fazer antes do primeiro sinal de escamação na superfície."***

Par se definir a vida útil de um rolamento, alguns fatores precisam ser levados em consideração tais como:

- Definir o tipo de Lubrificante a ser utilizado.
- Definir o Nível de Poluição do Ambiente.
- Definir a Carga equivalente a ser aplicada no rolamento.
- O tipo de Rolamento utilizado.
- A Velocidade de Rotação do Rolamento.
- A Temperatura de Trabalho do Rolamento.
- Definir a Viscosidade do Lubrificante.
- Definir o Ciclo de Trabalho do Rolamento.

Para isto é importante entender que um rolamento somente deve morrer por fadiga.

***Fadiga:*** ruptura natural do rolamento seguindo o prazo conforme sua especificação ("morte natural");

***Desgaste:*** ruptura repentina que pode ter uma origem externa, a qual gerou uma degradação.

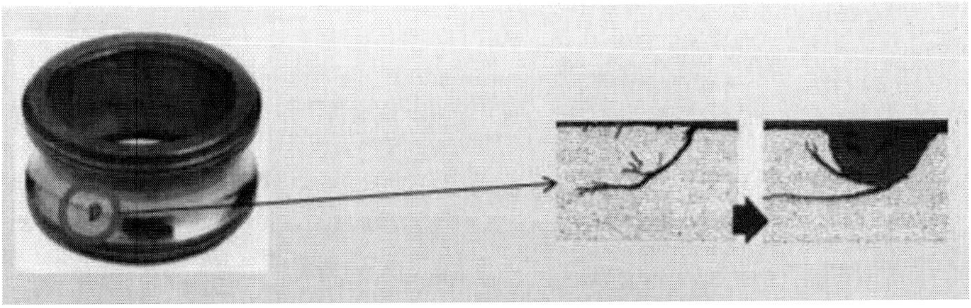

Rolamentos que apresentam esta marca de desgaste por fadiga não pode mais ser utilizado, devem ser descartados e substituídos por rolamentos novos.

Porém, alguns rolamentos podem ser reutilizados desde que sejam inspecionados e não apresentem nenhum desgaste ou falha.

Rolamentos blindados ou vedados não devem ser reutilizados, pois para inspecioná-los deveríamos retirar suas proteções e tecnicamente isso é proibido, pois podemos inserir uma série de defeitoscaso esta prática seja executada, defeitos como:

a) Uma vez removida a proteção, não se consegue colocá-la novamente como deveria, assim a possibilidade de vazamento do lubrificante ou inserção de poluição é eminente.
b) Para remover a proteção seria necessário alguma ferramenta pontiaguda e esta ferramenta pode colidir com os corpos rolantes, gaiolas e ou pistas de rolagem e danificar estes elementos agredindo assim o rolamento e inserindo falhas prematuras.
c) Após a abertura seria necessário relubrificar o rolamento, e não se conhece o lubrificante que se encontra no interior do rolamento. A inserção de um lubrificante diferente do atual pode gerar incompatibilidade química e conflitos entre os lubrificantes.

Alguns indícios de falhas encontradas nos rolamentos podem ajudar a detectar problemas no ativo ou nos componentes que nem sempre são causados pelos rolamentos.

Abaixo, algumas falhas encontradas nos rolamentos e suas causas:

***Falha***: Escamação por Fadiga.

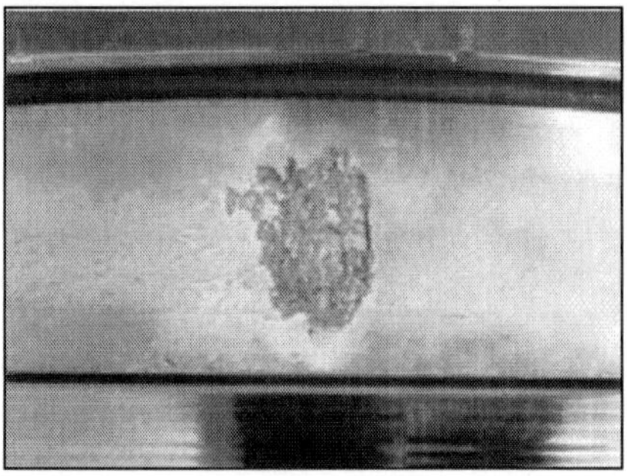

***Causa***: Fim da Vida Útil.
***Falha***: Aperto Excessivo.

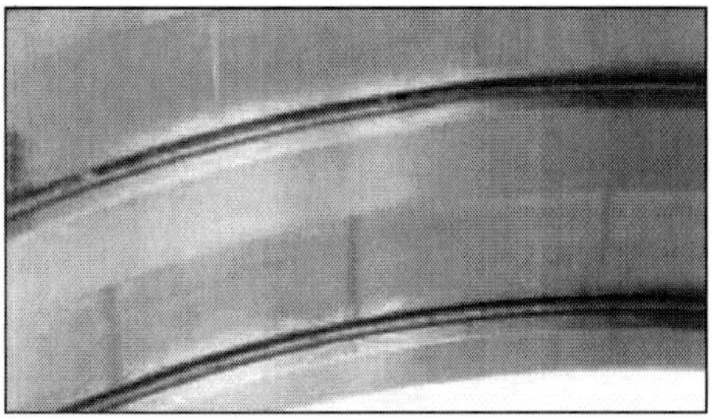

***Causa***: Falha durante a montagem do rolamento.
***Falha***: Aperto no Anel Errado.

***Causa***: Falha durante a montagem do rolamento.
***Falha***: Pitting na superfície da pista. Oxidação da pista.

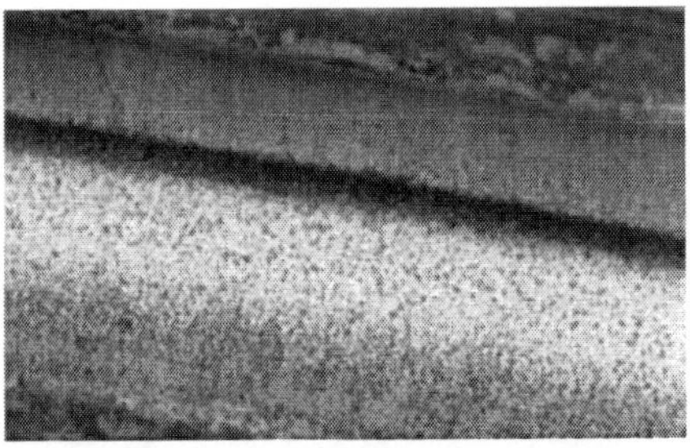

***Causa***: Entrada de abrasivo. Possível ineficiência das vedações dos mancais.

***Falha***: Escamação da borda da pista.

***Causa***: Defeito de alinhamento. Além desta marca, este defeito pode ser percebido com a ruptura da gaiola, a qual ocorre algumas vezes.

***Falha***: Falso Efeito Brinnel.

***Causa***: Lubrificação Insuficiente. Existe lubrificante, mas por algum motivo qualquer, em algum momento, o lubrificante abre e choca metal com metal. Esta colisão arranca pedaços grande dos materiais.

***Falha***: Deslizamento do Anel Externo

***Causa***: Folga entre o Anel Externo e o Alojamento. Necessidade de medir as dimensões do alojamento.

***Falha***: Deslizamento do Anel Interno

***Causa***: Interferência insuficiente entre o anel interno e o eixo. Necessidade de medir as dimensões do eixo.

***Falha:*** Vibração com o Equipamento Parado.

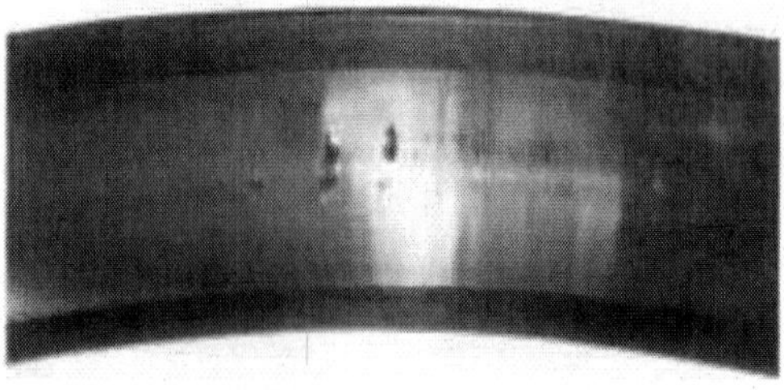

***Causa***: Transporte ou armazenamento com trepidações intensas e constantes.

***Falha***: Corrosão Elétrica

***Causa***: Fuga ou passagem de corrente elétrica. A fuga pode ser originada por uma malha de aterramento deficiente. A passagem de corrente pode ser gerada durante uma soldagem com o aterramento realizado no ponto incorreto.

***Falha:*** Coloração avermelhada durante o superaquecimento do rolamento.

***Causa***: Lubrificante incorreto.

***Falha***: Alojamento ovalizado ou tampas dos mancais trocadas.

***Causa***: Marcas na extremidade do interior do anel externo.

***Falha***: Oxidação por falha na lubrificação.

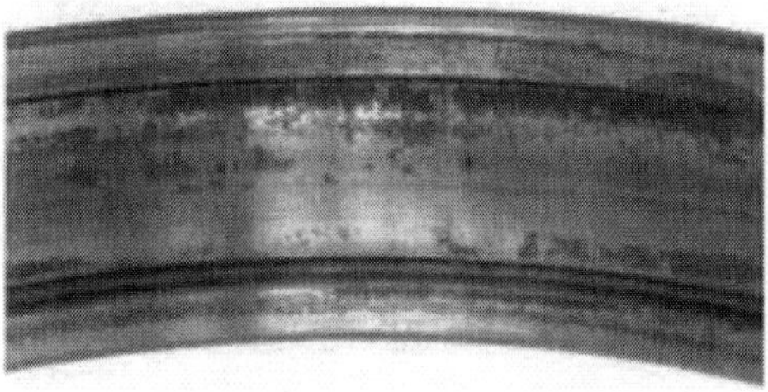

***Causa***: Entrada de umidade dentro do rolamento.

Outro fator pertinente aos rolamentos que necessita ser desmistificado é a lubrificação. Nenhum ativo, equipamento ou elemento de máquinas deve ser lubrificado sem uma projeção exata de sua intensidade de redução do respectivo atrito.

Para lubrificar os rolamentos é necessário saber qual sua intensidade de redução de atrito e demais fatores como temperatura e ambiente. Esses fatores podem ser definidos no projeto, porém o volume de lubrificante e sua frequência de relubrificação devem ser respeitados para que possamos utilizar a maior vida útil do rolamento e dos equipamentos.

Em regra geral, normalmente mais de 80% dos rolamentos são lubrificados com graxa e menos de 20% com óleo. Isto porque a graxa nada mais é do que sabão e óleo, o que reduz significativamente o valor do lubrificante uma vez que o óleo é extremamente caro.

Para uma lubrificação com óleo é necessário que seja utilizado um circuito fechado de circulação do óleo bem como um sistema de filtragem e refrigeração do mesmo, uma vez que o óleo a ser utilizado já será definido no projeto, juntamente com o volume e a definição da temperatura, grau de limpeza pré-estabelecidos.

Já na lubrificação dos rolamentos com graxa apesar de ser definido pelo fabricante o tipo de lubrificante exato a ser utilizado, o desempenho do rolamento pode ser melhorado, pois existem lubrificantes inovadores que fornecem um melhor rendimento ao rolamento.

Entretanto, é necessário se preocupar com questões como volume do lubrificante inserido no alojamento, quantidade de lubrificante durante a relubrificação e a frequência da respectiva relubrificação.

Abaixo, segue como informativo a forma propícia para se calcular as condições citadas acima.

a) Deve-se ter atenção com a miscibilidade dos lubrificantes, isso quer dizer que não se pode misturar quaisquer lubrificantes sem que se conheça sua base ou seja seu espessante (sabão utilizado na graxa).

Abaixo, segue uma tabela de miscibilidade entre os espessantes aos quais são produzidas as graxas:

Legenda:
○ Compatível
▲ Limite de compatibilidade
■ Incompatível

| | Complexo de Alumínio | Bário | Cálcio | Cálcio 12-Hidróxi | Complexo de Cálcio | Bentona | Lítio | Lítio 12 Hidróxi | Complexo de Lítio | Poliuréia* | Sódio | Sulfonato de Cálcio | Silicone |
|---|---|---|---|---|---|---|---|---|---|---|---|---|---|
| **Complexo de Alumínio** | | ■ | ■ | ○ | ■ | ■ | ■ | ■ | ○ | ■ | ■ | ■ | ○ |
| **Bário** | ■ | | ■ | ○ | ■ | ■ | ■ | ■ | ■ | ■ | ■ | ▲ | ○ |
| **Cálcio** | ■ | ■ | | ○ | ■ | ○ | ○ | ▲ | ○ | ■ | ■ | N/D | N/D |
| **Cálcio 12-Hidroxi** | ○ | ○ | ○ | | ▲ | ○ | ○ | ○ | ○ | ■ | ■ | N/D | N/D |
| **Complexo de Cálcio** | ■ | ■ | ■ | ▲ | | ■ | ■ | ■ | ○ | ○ | ■ | ○ | ■ |
| **Bentona** | ■ | ■ | ○ | ○ | ■ | | ■ | ■ | ■ | ■ | ■ | ■ | ○ |
| **Lítio** | ■ | ■ | ○ | ○ | ■ | ■ | | ○ | ○ | ■ | ■ | ○ | ○ |
| **Lítio 12-Hidroxi** | ■ | ■ | ▲ | ○ | ■ | ■ | ○ | | ○ | ■ | ■ | ○ | N/D |
| **Complexo de Lítio** | ○ | ■ | ○ | ○ | ○ | ■ | ○ | ○ | | ■ | ■ | ○ | ○ |
| **Poliureia*** | ■ | ■ | ■ | ■ | ○ | ■ | ■ | ■ | ■ | * | ■ | ■ | ■ |
| **Sódio** | ■ | ■ | ■ | ■ | ■ | ■ | ■ | ■ | ■ | ■ | | ■ | ■ |
| **Sulfonato de Cálcio** | ■ | ▲ | N/D | N/D | ○ | ■ | ○ | ○ | ○ | ■ | ■ | | N/D |
| **Silicone** | ○ | ○ | N/D | N/D | ■ | ○ | ○ | N/D | ○ | ■ | ■ | N/D | |

b) A frequência de relubrificação requer um cálculo a ser definido através de um ábaco onde se traça paralelas e transversais baseadas na rotação do rolamento, seu tipo construtivo e seu diâmetro interno, a fim de detectar o ponto ótimo em horas definidas de trabalho de acordo com a figura abaixo:

**Escala a**: Rolamentos Radiais de Esferas.

**Escala b**: Rolamentos de Rolos Cilíndricos e Rolamentos de Agulhas.

**Escala c**: Rolamentos Autocompensadores de Rolos, Rolamentos de Rolos Cônicos, Rolamentos Axiais de Esferas, Rolamentos de Rolos Cilíndricos com o máximo número de rolos, Rolamentos de Rolos Cilíndricos Cruzados com Gaiolas, Rolamentos Axiais de Rolos Cilíndricos, Rolamentos Axiais de Agulhas, Rolamentos Axiais Autocompensadores de Rolos.

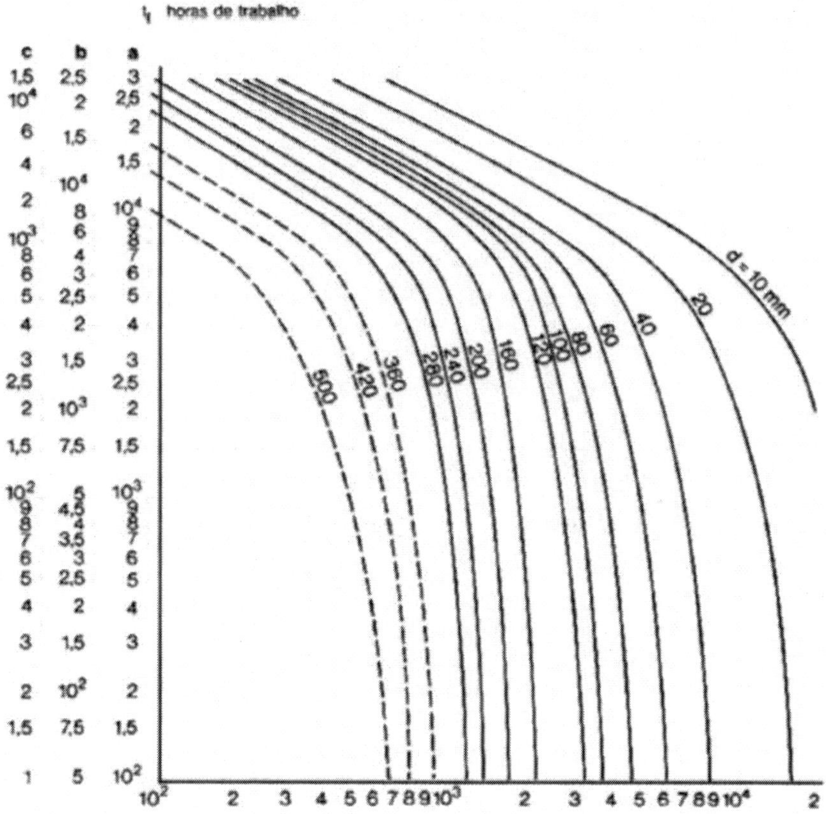

Porém não é tão simples assim, pois alguns fatores operacionais interferem diretamente na frequência de relubrificação dos rolamentos, tais como a temperatura e a condição do ambiente da forma abaixo:

## Condição do Ambiente

- Ambiente muito Limpo H
- Ambiente Limpo H/2
- Ambiente Sujo H/4
- Ambiente Úmido H/8
- Ambiente Muito Sujo e Úmido H/16

A severidade do ambiente interfere diretamente na frequência de relubrificação do rolamento.

**Temperatura**

- Até 50ºC H
- De 51ºC até 65ºC H/2
- De 66ºC até 80ºC H/4

Ou seja, a cada aumento de 15ºC na temperatura de trabalho, a frequência deverá ser reduzida pela metade.

c) A quantidade de graxa a ser inserida no rolamento durante a relubrificação pode ser facilmente calculada conforme a fórmula a seguir:

D x B x C = Graxa em gramas, onde:

- D= Diâmetro externo do rolamento.
- B= Largura do rolamento.
- C= Constante utilizada durante o cálculo baseado na posição do pino graxeiro tal como:

**D x B x 0,005** quando o furo de relubrificação for na lateral do mancal.

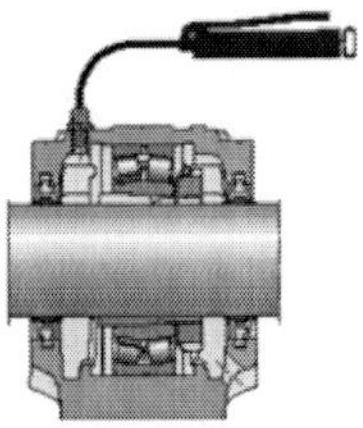

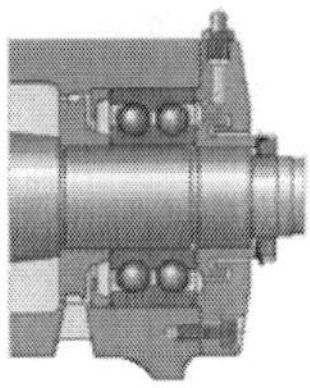

**D x B x 0,002** quando o furo de relubrificação for no centro do mancal.

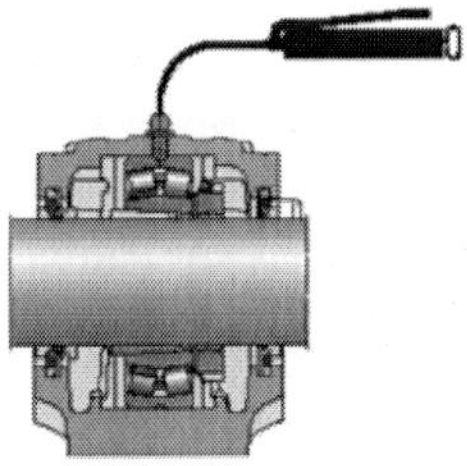

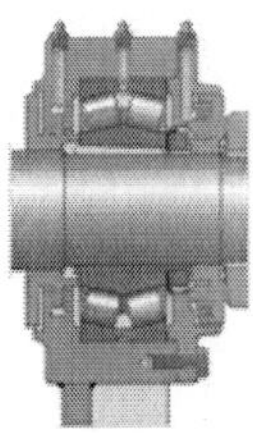

**Obs:** Recomenda-se relubrificar com o rolamento em funcionamento.

A quantidade de graxa não deve ser alterada e sim a frequência ou intervalo.

A unidade final baseada no cálculo acima é dada em gramas de graxa.

d) A quantidade de Graxa a ser inserida no mancal no exato instante da montagem também é um fator primordial para o bom funcionamento e rendimento do rolamento. Comumente ouvimos dizer que graxa demais dentro do mancal é totalmente prejudicial ao rolamento. Porém não é bem assim, existem casos em que devemos manter o mínimo de graxa possível e em outros casos devemos encher completamente o mancal com o lubrificante.

Para que possamos distinguir a quantidade correta para cada caso necessitamos conhecer o fator de rotação do rolamento, o qual irá determinar a quantidade exata de graxa que devemos colocar dentro do mancal.

Para descobrirmos qual o valor do fator de rotação utilizamos a fórmula abaixo:

$$FR = \frac{(D+d)}{2} \times rpm$$

onde:

FR = Fator de Rotação.

D = Diâmetro Externo.

d = Diâmetro Interno.

RPM = Rotações do Rolamento.

**O Fator de Rotação possui duas finalidades:**

**1-** Determinar se o lubrificante resistirá às necessidades e exigências do equipamento. Para isso devemos comparar o fator de rotação do equipamento com o fator de rotação do lubrificante indicado onde o FR da Graxa dever ser maior que o FR do equipamento.

**2-** Determinar o preenchimento da caixa de mancal.

a) **FR** de até **50.000** preencher de **90%** a **100%** da caixa de mancal.

b) **FR** de **50.001** até **800.000** preencher de **30%** a **50%** da caixa de mancal.

c) **FR** de **800.001** até **1.500.000** preencher até **30%** da caixa de mancal.

A Estocagem dos rolamentos também continua sendo um tabu dentro das organizações, pois a maioria dos profissionais que que trabalham com armazenagem de rolamentos não conhece aa forma correta de se estocar um rolamento e isso faz com que os elementos de máquinas se danifiquem antes mesmo de serem utilizados e ou manuseados.

Alguns cuidados devem ser tomados durante a estocagem dos rolamentos para garantir sua confiabilidade:

a) Rolamento deve ser mantido sempre dentro da embalagem original.
b) O plástico protetor não pode ser violado, pois ele é a garantia de que o produto continua intacto.
c) O local não pode sofrer com a umidade, pois exposto a umidade o rolamento tende a oxidar e danificar seus componentes.
d) Deixar afastado do solo, exatamente para evitar a umidade proveniente de inundações com chuvas ou de lavagem do piso.
e) Evitar estante de madeira, pois madeira prolifera fungos que são micro-organismos que adoram comer graxa e esses micro-organismos conseguem penetrar nas embalagens protetivas dos rolamentos e comem a graxa e ou óleo protetivo ali existentes. Quando se utiliza estantes de madeira é comum encontrarmos rolamentos protegidos

que em seu interior já esteja embolorados ou mofados sem nenhum lubrificante devido à deterioração por fungos ali existentes.

f) Evitar exposição ao sol, pois os raios ultra-violetas emitidos pelo sol podem danificar os rolamentos alterando suas precisões ocasionando uma variação que impedirá seu desempenho.

g) Manter os rolamentos deitados em um local plano, pois rolamentos acondicionados em pé correm sérios riscos de marcarem seus corpos rolantes ou suas pistas, devido à carga aplicada em um único ponto e em alguns casos as trepidações do solo danificam as pistas deixando os rolamentos já com marcas que não podem existir durante sua aplicação.

As características acima fazem com que o seu rolamento tenha uma durabilidade maior, garantindo a continuidade operacional do processo com qualidade e a confiabilidade do produto.

Não basta apenas o rolamento ter suas características atendidas se o sistema não estiver em equilíbrio. Este equilíbrio baseia-se em:

- Suportes dentro das tolerâncias;
- Eixos alinhados e em boa qualidade;
- Limpeza das peças;
- Dimensões corretas, sem existir adaptações durante a instalação;
- Regulagem durante a instalação;
- Entre outros cuidados.

Por isso, podemos determinar que a instalação dos rolamentos comece no exato instante em que começamos a remover os rolamentos danificados de seus eixos ou alojamentos.

## Desmontagem

Desmontar um rolamento para substituição também é importante. Neste caso é necessário ter uma atenção especial para não danificar as demais peças da máquina e, principalmente, cuidar com a segurança pessoal. Por este motivo, existem diversas formas de desmontagem dos rolamentos, tais como:

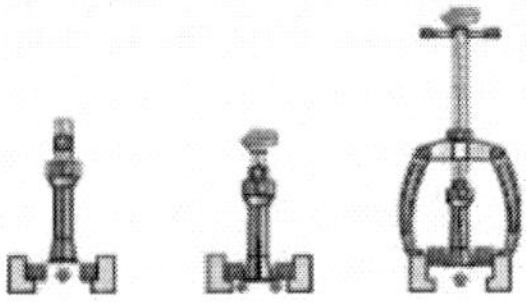

*Pelo furo*

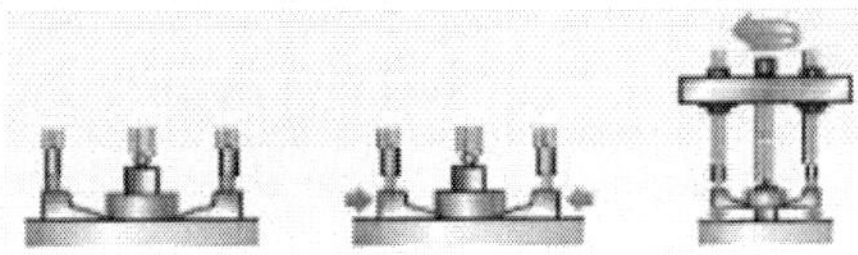

*Com parafuso de potência*

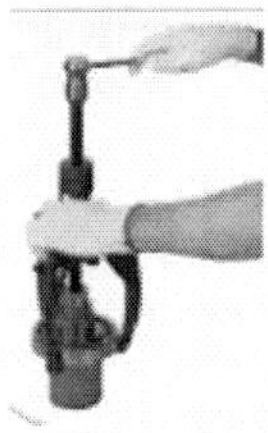

*Autocentrante*

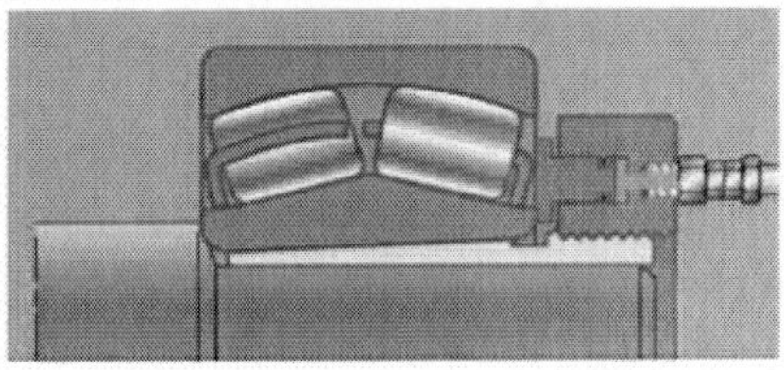

*Desmontagem Hidráulica*

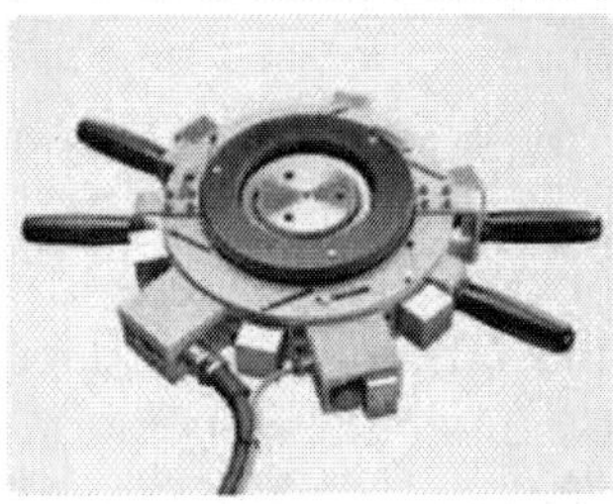

*Desmontagem à quente.*

## Montagem

Os defeitos vistos anteriormente podem ser evitados com uma montagem correta;

Conforme comentado, grande parte dos defeitos tem seu início já na montagem, prejudicando o rolamento antes mesmo de entrar em funcionamento.

No geral é importante:

- Antes e durante a montagem é importante o local estar limpo (mesa de operação), o rolamento e também onde o rolamento será alojado;
- Lubrificar os suportes e juntas no momento da montagem;
- Verificar se o rolamento a ser utilizado é o correto;
- Deixar tudo preparado antes e deixar à mão, para evitar falhas;
- Tirar o rolamento da embalagem apenas no momento da instalação;

- Não lavar (exceto se houver recomendação – casos especiais);
- Respeitar o método de montagem;
- Após a montagem, verificar o funcionamento (ruído, vibração, temperatura, jogo, etc);

Não basta apenas o rolamento ter suas características atendidas se o sistema não estiver em equilíbrio. Este equilíbrio baseia-se em:

a) Suportes dentro das tolerâncias: isso quer dizer que as tolerâncias precisam ser respeitadas independentemente das condições atuais das peças.

b) Eixos alinhados e em boa qualidade: os eixos devem sempre ser alinhados após sua instalação independentemente do tipo de rolamento a ser instalado.

c) Limpeza das peças: todas as peças a serem utilizadas devem estar limpas isentas de quaisquer impurezas e ou contaminações.

d) Dimensões corretas, sem existir adaptações durante a instalação: todo o dimensional das peças devem estar de acordo com o projeto sem alterações e ou adaptações, principalmente os eixos, pois comumente um eixo quando é danificado em sua superfície utilizam-se o preenchimento do eixo com solda e posteriormente uma usinagem para determinar o dimensional necessário. Porém, este preenchimento com soldagem tensiona o material tornando-o muito duro, o que altera as propriedades mecânicas do aço não sendo mais compatível com o material original de forma que altera o coeficiente de dilatação do eixo, o que para tal seria necessário uma ajustagem diferente, o que não ocorre na maioria dos casos.

e) Regulagem durante a instalação: a regulagem durante a instalação deve ser respeitada de forma que a folga ideal de funcionamento deve ser mantida para garantir o perfeito funcionamento do rolamento.

Existem diversos tipos de montagem de rolamentos os quais podem ser utilizados de acordo com a necessidade de cada aplicação e ou recurso disponível no momento.

Pode ser utilizada Montagem à Quente ou Montagem a Frio.

**Montagem a Frio**

É a montagem onde se utiliza alguns dispositivos auxiliares os quais servem de apoio para a aplicação de uma força externa forçando o rolamento contra o eixo para que o mesmo possa vencer a resistência determinada pelo eixo e se alojar onde for necessário.

Para este tipo de montagem pode ser usado alguns dispositivos tais como:

a) Prensa Hidráulica: é uma máquina mecânica utilizada para a elevação ou para comprimir itens grandes. A força é gerada através da utilização de sistemas hidráulicos para aumentar a potência a um padrão de nível mecânico. Este tipo de máquina é tipicamente encontrado em um ambiente de fabricação.

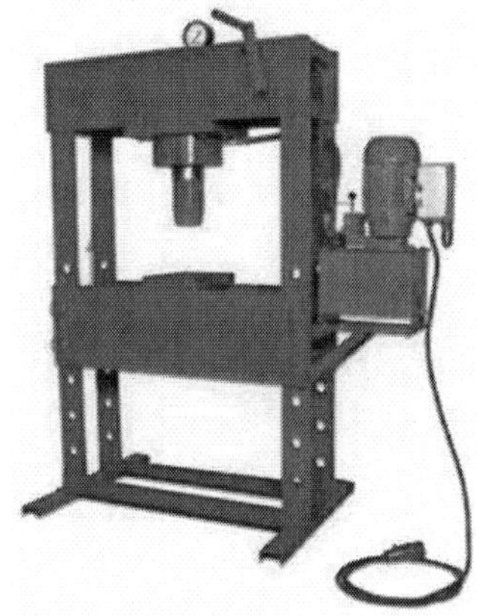

Para montar um rolamento utilizando uma prensa hidráulica é necessário que se tenha um suporte tubular com o mesmo diâmetro do anel interno do rolamento para que se possa exercer a força sobre o mesmo e forçar o rolamento contra o eixo rompendo a resistência e alocando o rolamento onde for desejado.

As dificuldades de utilização da prensa hidráulica é que a mesma só pode ser utilizada em oficinas mecânicas, nem sempre se pode levar a prensa até a área de trabalho e nem sempre se pode trazer os componentes até à oficina.

b) **Maleta de Montagem:** são kits de ferramentas apropriadas que foram projetados para proporcionar uma montagem rápida, segura e precisa de rolamentos, ao mesmo tempo que reduzem o risco de danos ao rolamento. A combinação certa do anel e da bucha de impacto permite a transmissão eficaz da força de montagem ao anel do rolamento com o ajuste interferente, reduzindo o risco de danos às pistas ou aos corpos rolantes do rolamento.

As maletas possuem:

- Conjunto de anéis de apoio em material plástico tipo poliuretano que não danifica os rolamentos quando em contato.
- Tubos Percussores fabricados em alumínios que são leves e de fácil manuseio.
- Martelo especial (anti-ressalto) com esferas metálicas em seu interior que absorvem o impacto e as vibrações durante o contato entre as partes não transmitindo as vibrações nem para os rolamentos nem para o braço do mecânico.

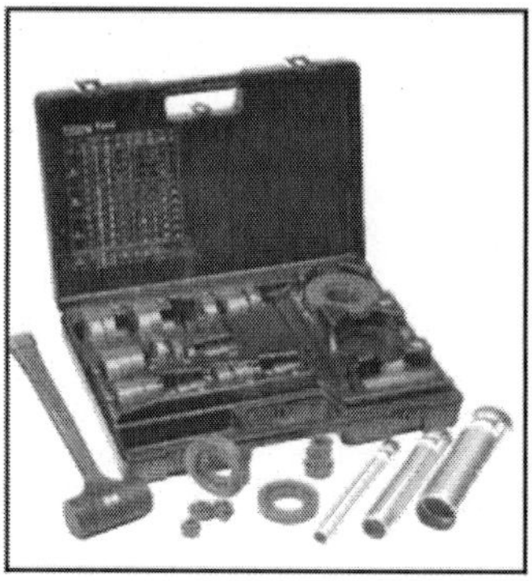

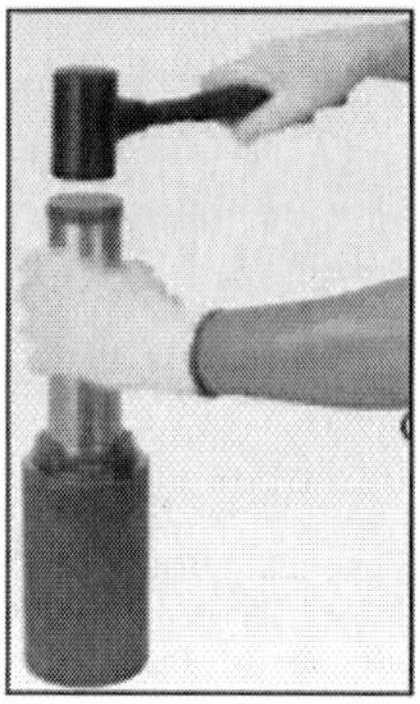

Ao contrário do que se divulga, um mito precisa ser quebrado, pois comenta-se que não pode bater nos rolamentos. Entretanto, isso não é verdade, os rolamentos podem sim sofrer impactos e ou esforços durante sua instalação, desde que saibamos o ponto certo onde tal força ou impacto pode ser exercido.

Para montagens a frio com impacto, jamais devemos exercer força no anel do rolamento que não possui interferência ou com o eixo ou com o alojamento. A força aplicada em pontos incorretos pode causar sérios danos aos rolamentos.

Portanto, durante a montagem com choque ou a frio, as ferramentas devem ser posicionadas corretamente nos pontos em que a interferência existe ou em ambos os anéis tal como as imagens abaixo:

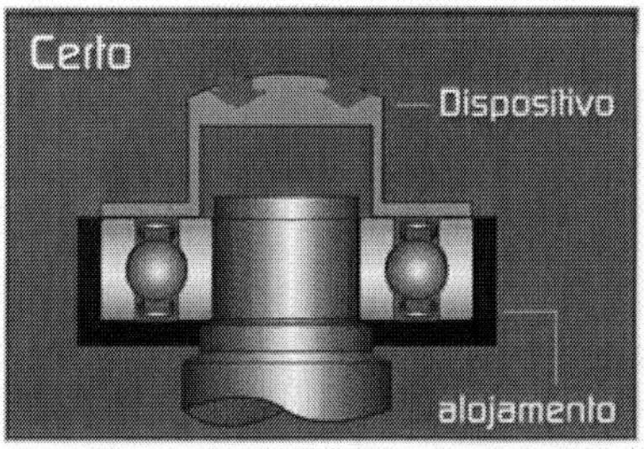


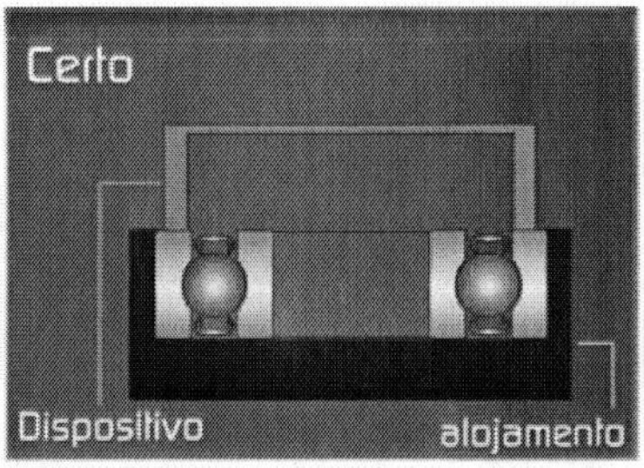


Quando aplicamos a força no anel errado, sérios problemas irão ocorrer nos rolamentos como pode ser ilustrado abaixo:

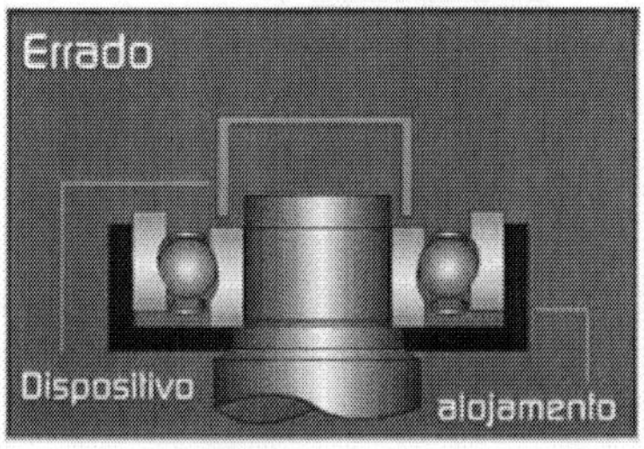


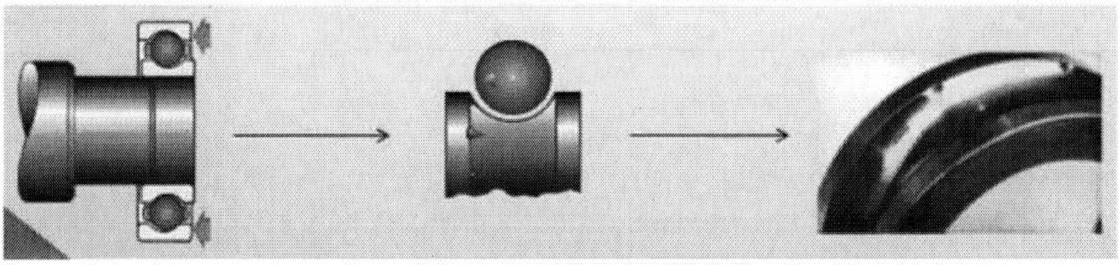

Quando temos interferência em ambos os anéis e aplicamos carga de montagem apenas em um dos anéis podemos colidir os corpos rolantes contra os anéis e gerar marcas de esforço excessivo sem antes mesmo o rolamento entrar em operação.

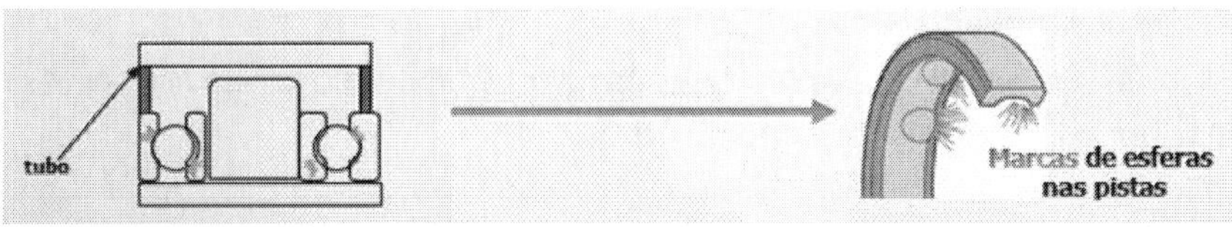

Impacto aplicado no anel errado pode causar fissuras, ou ruptura das partes.

A maleta de montagem se faz necessário pois, seus componentes são fabricados com materiais próprios para a absorção de impactos e ainda evitam a projeção de partículas, reduzindo ainda a vibração a ser transmitida tanto para o rolamento quanto para partes do nosso corpo. Quando utilizamos componentes em aço, o risco de rompimento tanto das ferramentas quanto dos rolamentos se torna eminente e partes destas partículas rompidas podem ser projetadas para dentro dos rolamentos causando assim uma ineficácia durante o funcionamento dos rolamentos.

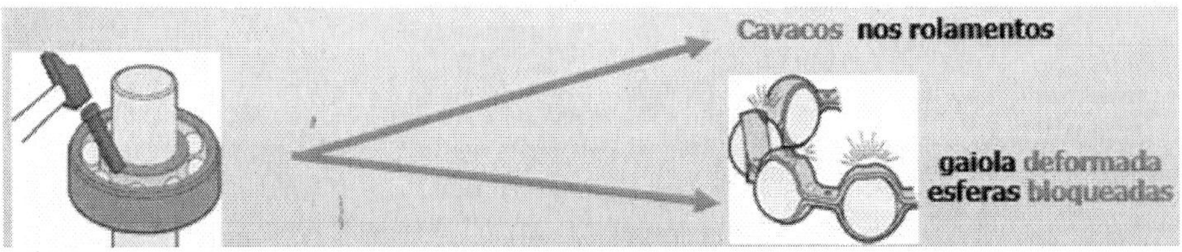


**Montagem à Quente**

O objetivo principal do aquecimento do rolamento é fazer com que o anel interno do rolamento se dilate por temperatura alta para montá-lo no eixo sem esforço.

Para este princípio de montagem é terminantemente proibido fazer o aquecimento por chama direta, ou seja, o maçarico não é um meio de aquecimento de rolamentos, pois este aquecimento necessita ser controlado para que sejam mantidas as propriedades da matéria.

Sendo assim, a temperatura de aquecimento de um rolamento não pode ser muito elevada ou superior a 130º C.

Como regra geral, deve ser seguida a tabela abaixo quando for necessário instalar um rolamento com aquecimento.

| Como regra geral, os seguintes valores de temperatura podem ser aplicados: | Diâmetro de furo | Temp. de aquecimento máx. |
|---|---|---|
| | até 100 mm | + 90°C |
| | de 100 à 150 mm | +120°C |
| | acima de 150 mm | +130°C |

Os métodos mais comuns de aquecimento de rolamentos são:

a) **Banho de Óleo:** consiste em inserir óleo limpo em um recipiente, alojar o rolamento em seu interior e aquecer este óleo para que a temperatura seja transferida ao rolamento.

Este método que no passado foi muito utilizado, já não é mais tão empregado nos dias de hoje, pois alguns fatores levaram a dificultar esta prática:

- Não pode ser aplicado quando o rolamento for protegido.
- Óleo e recipientes precisam estar limpos.
- Temperatura não é homogênea, que pode ser um risco.
- Risco de deteriorar o rolamento (temperatura incorreta).
- Risco de acidente por derramamento de óleo.

b) **Mesa Aquecedora:** consiste em aquecer uma mesa e alojar sobre ela o rolamento em cima de uma base que possui o mesmo anel interno do rolamento. Como regra geral, todo componente que é aquecido sobre magnetismo, isso pode gerar micro soldas que podem prejudicar os corpos rolantes e a pista do rolamento.

- Risco é menor, mas também existe;
- Não desmagnetiza;
- Tempo não é controlado pela máquina.

c) **<u>Aquecimento por Indução</u>:** consiste em um equipamento que gera onda magnética o qual é transmitido para o rolamento por indução aquecendo assim o rolamento até a temperatura desejada. Possui uma sonda que controla a temperatura e no exato instante em que atingir a temperatura desejada, a sonda desliga o equipamento e desmagnetiza o rolamento instantaneamente.

Desta forma, considera-se o aquecimento por indução o melhor método para se instalar rolamentos que possuam o diâmetro interno paralelo, pois obedecendo as diretrizes de temperatura e desmagnetização, não agridem em nada os rolamentos, sem choques, impactos ou vibrações desnecessárias.

Mesmo os rolamentos protegidos podem ser aquecidos sem que sejam danificadas suas proteções ou o lubrificante nele contido. Sendo assim, o aquecimento por indução tem como características principais os dados a seguir:

- O mais seguro (sem risco de queimadura).
- Temperatura controlada (melhor qualidade).
- Desmagnetização é efetuada pelo aparelho.

- Processo mais limpo.
- Tempo é controlado.
- Juntas e graxas não sofrem aumento de temperatura.

**Obs.:** é possível realizar a montagem do rolamento sem aquecimento ou sem impactos. Este processo ocorre por contração do eixo (-170º C) com banho ou injeção de nitrogênio.

## Montagem de Rolamento com Furo Cônico

Os rolamentos que possuem diâmetro interno cônico, ou seja, possuem medidas diferentes no diâmetro interno, necessitam de uma montagem diferenciada, pois não é possível instalar esses rolamentos diretamente nos eixos paralelos.

Para esse tipo de rolamento temos duas opções de instalação, utilizamos um eixo cônico ou uma bucha de fixação que possui a mesma conicidade do rolamento.

Esses rolamentos necessitam de maior atenção técnica durante sua instalação, pois são dotados de folgas diferentes e elas precisam ser calibradas para garantir o melhor desempenho dos rolamentos quando estiverem em operação.

As montagens mais tradicionais e comuns desses rolamentos são com o auxílio das buchas de fixações e devemos proceder da seguinte forma:

**Rolamentos Autocompensador de Rolos com Furo Cônico:**

a) Prepare as peças adjacentes e as coloque em sequência.

b) Mantenha o local limpo e organizado.

c) Certifique-se de que as peças tais como eixos, alojamentos e demais componentes estejam em perfeito estado de utilização.

d) Confira o dimensional dos componentes.

e) Verifique se o rolamento a ser utilizado é realmente o rolamento que o ativo necessita, somente retire o rolamento da embalagem na hora da instalação.

f) Monte no eixo a bucha cônica.

g) Retire o rolamento da embalagem.

h) Lubrifique o rolamento como recomendado.

i) Insira o rolamento na bucha cônica. Lembrando que somente um dos lados do rolamento irá coincidir com o dimensional da bucha, pois a conicidade não irá permitir ação contrária.

j) Posicionar a bucha e o rolamento no centro correto ou desejado.

k) Inserir a arruela de trava, atentar para que a mesma fique com seu grau para fora para evitar que trave os corpos rolantes durante o aperto.

l) Inserir a porca de trava encaixando seu ângulo na mesma conicidade da arruela.

m) Apertar a porca o máximo possível com as mãos.

n) Com o auxílio de um calibrador de folga, medir a folga encontrada, a qual se encontra definida no manual e pode ser localizada a partir do diâmetro interno do rolamento. Para medir a folga centralize um rolete e faça com que a lâmina de folga ultrapasse por toda a extensão do rolete.

| Alesagem rolamentos (mm) | | ANTES DA MONTAGEM (2) | | | | | | APÓS A MONTAGEM (3) | | | | | |
|---|---|---|---|---|---|---|---|---|---|---|---|---|---|
| | | C0 | | C3 | | C4 | | C0 | | C3 | | C4 | |
| de | a | Segundo ISO 5753 (mm) | | Segundo ISO 5753 (mm) | | Segundo ISO 5753 (mm) | | Calibre a utilizar | | Calibre a utilizar | | Calibre a utilizar | |
| | | Mínimo | Máximo | Mínimo | Máximo | Mínimo | Máximo | Sim | Não | Sim | Não | Sim | Não |
| 30 | 40 | 0,035 | 0,050 | 0,050 | 0,065 | 0,065 | 0,085 | 2 | 3 | 3 | 4 | 4 | 5 |
| 40 | 50 | 0,045 | 0,060 | 0,060 | 0,080 | 0,080 | 0,100 | 3 | 4 | 3 | 5 | 4 | 6 |
| 50 | 65 | 0,055 | 0,075 | 0,075 | 0,095 | 0,095 | 0,120 | 3 | 5 | 4 | 6 | 5 | 7 |
| 65 | 80 | 0,070 | 0,095 | 0,095 | 0,120 | 0,120 | 0,150 | 4 | 6 | 5 | 7 | 6 | 8 |
| 80 | 100 | 0,080 | 0,110 | 0,110 | 0,140 | 0,140 | 0,180 | 4 | 6 | 6 | 8 | 7 | 10 |
| 100 | 120 | 0,100 | 0,135 | 0,135 | 0,170 | 0,170 | 0,220 | 5 | 7 | 7 | 9 | 9 | 12 |
| 120 | 140 | 0,120 | 0,160 | 0,160 | 0,200 | 0,200 | 0,260 | 8 | 11 | 10 | 13 | 12 | 17 |
| 140 | 160 | 0,130 | 0,180 | 0,180 | 0,230 | 0,230 | 0,300 | 8 | 12 | 11 | 15 | 14 | 19 |
| 160 | 180 | 0,140 | 0,200 | 0,200 | 0,260 | 0,260 | 0,340 | 9 | 13 | 12 | 17 | 16 | 21 |
| 180 | 200 | 0,160 | 0,220 | 0,220 | 0,290 | 0,290 | 0,370 | 11 | 16 | 15 | 20 | 20 | 26 |
| 200 | 225 | 0,180 | 0,250 | 0,250 | 0,320 | 0,320 | 0,410 | 12 | 17 | 17 | 22 | 22 | 28 |

o) Apertar a porca com a chave de gancho até que se obtenha a folga desejada.

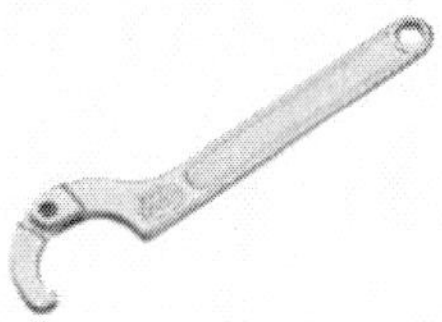

p) Procurar o ponto de interseção entre a arruela de trava e a porca de aperto e abaixar uma das abas da arruela para travar o conjunto.

q) O aperto deve ser cuidadosamente monitorado para evitar um aperto excessivo, o que será extremamente prejudicial ao rolamento. Caso este aperto seja demasiadamente excessivo e nenhuma lâmina do calibrador de folga ultrapasse os rolos, este rolamento estará comprometido e deve ser substituído imediatamente.

**Rolamentos Autocompensador de Esferas com Furo Cônico:**

a) Prepare as peças adjacentes e as coloque em sequência.

b) Mantenha o local limpo e organizado.

c) Certifique-se de que as peças tais como eixos, alojamentos, e demais componentes estejam em perfeito estado de utilização.

d) Confira o dimensional dos componentes.

e) Verifique se o rolamento a ser utilizado é realmente o rolamento que o ativo necessita, somente retire o rolamento da embalagem na hora da instalação.

f) Monte no eixo a bucha cônica.

g) Retire o rolamento da embalagem.

h) Lubrifique o rolamento como recomendado.

i) Insira o rolamento na bucha cônica. Lembrando que somente um dos lados do rolamento irá coincidir com o dimensional da bucha, pois a conicidade não irá permitir ação contrária.

j) Posicionar a bucha e o rolamento no centro correto ou desejado.

k) Inserir a arruela de trava, atentar para que a mesma fique com seu grau para fora para evitar que trave os corpos rolantes durante o aperto.

l) Inserir a porca de trava encaixando seu ângulo na mesma conicidade da arruela.

m) Apertar a porca o máximo possível com as mãos.

n) Com o auxílio de uma chave de gancho, gire a chave conforme a imagem abaixo.

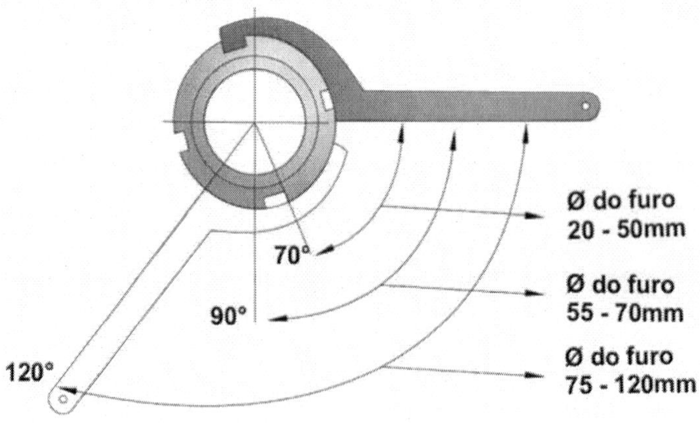


Para rolamentos autocompensadores de esferas com furos cônicos, não se utiliza calibrador para ajustar a folga, pois a forma de atuação na pista por se tratar de apenas um ponto, fica humanamente impossível conseguir uma sensibilidade suficiente para detectar um valor tão pequeno em apenas um único ponto de contato.

Sendo assim, com base no diâmetro interno do rolamento utiliza-se a técnica de aperto com a chave de gancho de acordo com o grau definido na tabela.

o) Apertar a porca com a chave de gancho até que se obtenha a folga desejada.

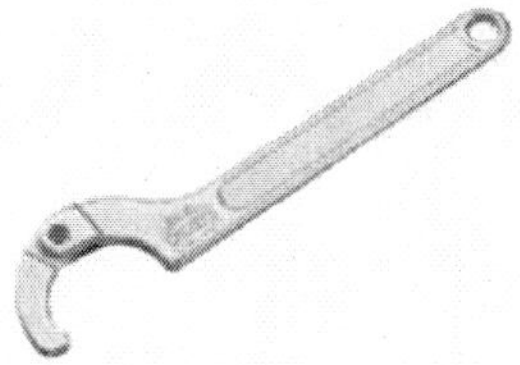

p) Procurar o ponto de interseção entre a arruela de trava e a porca de aperto e abaixar uma das abas da arruela para travar o conjunto.

q) O aperto deve ser cuidadosamente monitorado para evitar um aperto excessivo, o que será extremamente prejudicial ao rolamento. Caso este aperto seja demasiadamente excessivo e nenhuma lâmina do calibrador de folga ultrapasse os rolos, este rolamento estará comprometido e deve ser substituído imediatamente.

Este é o tipo de rolamento mais difícil de conseguir um ajuste perfeito, pois depende totalmente da sensibilidade e da força de cada um a ser aplicada no rolamento.

Outras técnicas mais eficazes podem ser adotadas, tais como:

- Medir o torque aplicado no aperto com um torquímetro.
- Medir a força aplicada com um relógio comparador.
- Definir um dispositivo de apoio ou encosto para limitar o aperto.

**Obs:** Durante a montagem de qualquer rolamento recomenda-se deixar o código do rolamento para o lado de fora, ou seja, para a ponta do eixo. Isso facilita a identificação do rolamento em caso de necessidade de substituição, sem que seja preciso desmontar o conjunto para saber qual rolamento deverá ser adquirido para substituição.

O universo dos rolamentos não se limita apenas a estes tipos e ou estas técnicas. Outros rolamentos necessitam de cuidados e detalhes distintos, porém são casos onde são tratados como rolamentos especiais e ou de precisão. Para mais informações consulte os manuais dos fabricantes sobre rolamentos.

## 7.3 – Eixos

Os Eixos são elementos mecânicos utilizados para articular um ou mais elementos de máquinas. Quando móveis, os eixos transmitem potência por meio do movimento de rotação.

A maioria dos eixos é construída em aço com baixo e médio teores de carbono. Os eixos com médio teor de carbono exigem um tratamento térmico superficial, pois estarão em contato permanente com buchas, rolamentos e materiais de vedação.

Os tratamentos também garantem uma maior rigidez ou até mesmo maleabilidade aos eixos, pois tudo dependerá da necessidade da aplicação a qual será destinado.

Existem também eixos fabricados com aços-liga, altamente resistentes.

De acordo com a classificação dos eixos, quanto à seção transversal, os eixos são circulares e podem ser maciços, vazados, cônicos, roscados, ranhurados ou flexíveis.

### Eixos maciços

Apresentam a seção transversal circular e maciça, com degraus ou apoios para ajuste das peças montadas sobre eles. Suas extremidades são chanfradas para evitar o rebarbamento e suas arestas internas são arredondadas para evitar a concentração de esforços localizados.

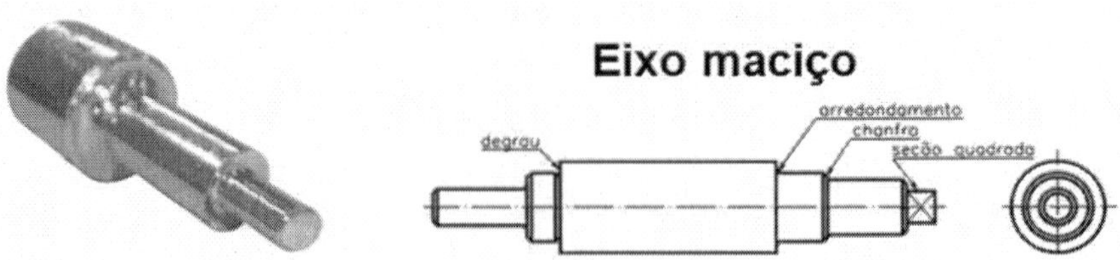

**Eixos vazados**

São mais resistentes aos esforços de torção e flexão que os eixos maciços.

Empregam-se esses eixos quando há a necessidade de sistemas mais leves e resistentes como os motores de aviões.

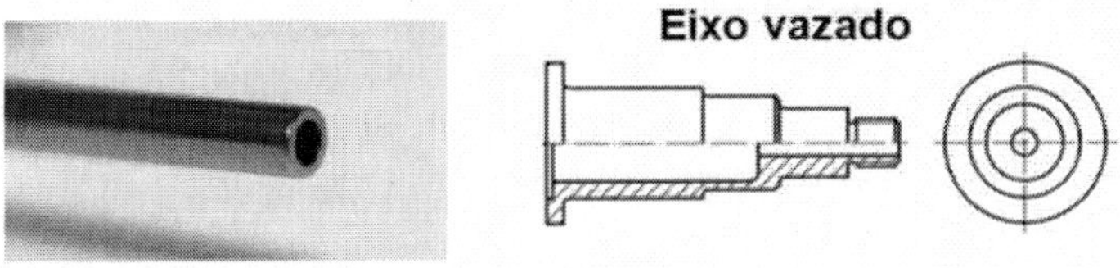


**Eixos cônicos**

Devem ser ajustados em um componente que possua furo de encaixe cônico. A parte ajustável tem formato cônico e firmemente fixada por meio de uma porca.

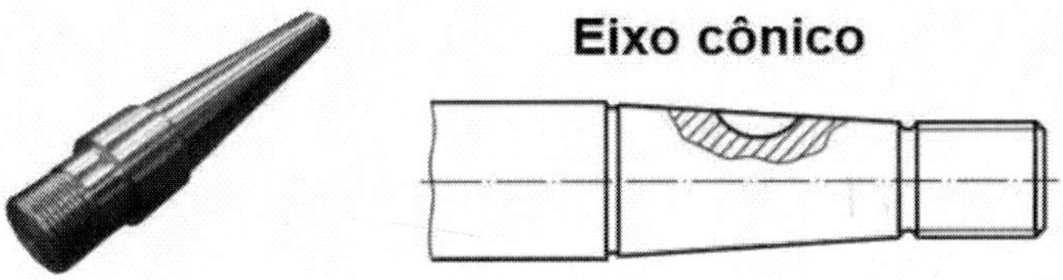


**Eixos roscados**

Possuem algumas partes roscadas que podem receber porcas capazes de prenderem outros componentes ao conjunto.

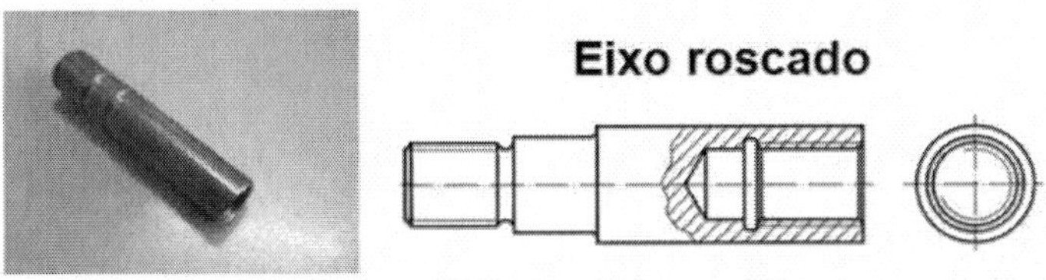


**Eixos ranhurados**

Apresentam uma série de ranhuras longitudinais em torno de sua circunferência. As ranhuras engrenam-se com os sulcos correspondentes das peças a serem montadas neles. Os eixos ranhurados são utilizados quando é necessário transmitir grandes esforços.

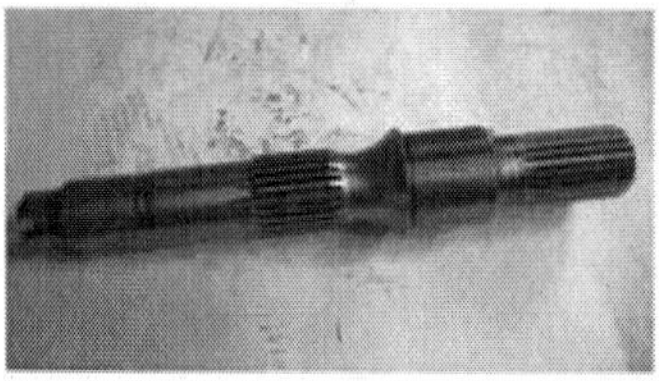

Eixo ranhurado

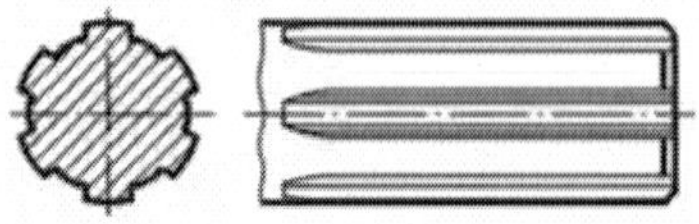

**Desmontagem de eixos**

A desmontagem de eixos é aparentemente simples e fácil, porém pode exigir alguns cuidados como:

a) Verificar previamente a existência de elementos de fixação (anéis elásticos, parafusos, pinos cônicos, pinos de posicionamento e chavetas) e retirá-los antes de sacar o eixo.

b) Verificar se existe, na face do eixo, um furo com rosca. O furo é feito para facilitar a desmontagem do eixo por meio de um dispositivo para sacá-lo.

c) Nunca bater com martelo na face do eixo. As pancadas provocam encabeçamento, não deixando que o eixo passe pelo mancal, além de produzir danos no furo de centro. Danos neste local impedem posteriores usinagens, onde seria fixada a máquina (torno, retificadora, fresadora) entre pontas.

d) Se realmente for necessário bater no eixo para sacá-lo, recomenda-se usar um material protetor e macio como o cobre para receber as pancadas, cuidando para não bater nas bordas do eixo.

e) Após a desmontagem, o eixo deverá ser guardado em local seguro para não sofrer empenamentos ou outros danos, especialmente se o eixo for muito comprido.

**Montagem de eixos**

A montagem de eixos exige atenção, organização e limpeza rigorosa. Além destes fatores, os seguintes cuidados deverão ser observados:

a) Efetuar limpeza absoluta do conjunto e do eixo para diminuir o desgaste por abrasão.

b) Conferir o dimensional do eixo para averiguar se o mesmo encontra-se dentro das tolerâncias exigidas pela aplicação.

c) Não permitir a presença de nenhum arranhão no eixo para não comprometer seu funcionamento e não provocar danos no mancal.

d) Se existir marcas, arranhões, desgastes, empenos ou imperfeições na mesa do eixo, as mesmas devem ser reparadas e recuperadas. Para recuperar um eixo é comum fazer uso do enchimento do eixo com solda para que seja usinado novamente nas dimensões ideais. Porém, não se recomenda esta prática, pois raramente este enchimento com solda é realizado de forma controlada, acompanhando a temperatura de soldagem, amperagem, interpasses, entre outros. A soldagem de peças maciças podem gerar duas ações sobre os materiais, ou deformam ou tencionam. As deformações serão eliminadas na usinagem, já o tensionamento, como a soldagem não foi controlada e na maioria das vezes o material de adição nem sempre é compatível, pode gerar um endurecimento do material, o que além de dificultar a usinagem também altera as características mecânicas da matéria, deixando o material com pontos de tensões e ainda alterando seu coeficiente de dilatação. Neste caso os ajustes definidos podem não ser eficazes, pois o eixo irá dilatar de forma diferente do que o projeto determinou anteriormente. O que se recomenda é embuchar o eixo com interferência adequada e com bucha fabricada do mesmo material do eixo.

e) Colocar os retentores cuidadosamente para não provocar desgastes no eixo e vazamento de lubrificante.

f) Não permitir a presença de nenhuma rebarba no eixo, para evitar pontos de concentrações de tensões.

g) Verificar se as tolerâncias das medidas do eixo estão corretas usando paquímetro ou micrômetro.

h) Pré-lubrificar todas as peças para que elas não sofram desgastes até a chegada do lubrificante, quando a máquina for posta para funcionar.

**Danos típicos sofridos pelos eixos**

Basicamente, os eixos podem sofrer dois tipos de danos: quebra e desgaste.

A **quebra** é causada por sobrecarga ou fadiga. A sobrecarga é o resultado de um trabalho realizado além da capacidade de resistência do eixo. A fadiga é a perda de resistência sofrida pelo material do eixo, devido as solicitações no decorrer do tempo.

O **desgaste** de um eixo pode ser causado pelos seguintes fatores:

- Engrimpamento do rolamento.
- Óleo lubrificante contaminado.
- Excesso de tensão na correia, no caso de eixos-árvore acionados por correias.
- Perda de dureza por superaquecimento.
- Falta de lubrificante.
- Carga excessiva.
- Falhas na desmontagem.

## 7.4 — Mancais

Mancal é um suporte de apoio de eixos e rolamentos que são elementos girantes de máquinas.

Os mancais classificam-se em duas categorias:

- Mancais de deslizamento.
- Mancais de rolamento.

***Mancais de deslizamento -*** São concavidades nas quais as pontas de um eixo se apoiam, ou seja, são todos os mancais cujo trabalho se baseia no deslizamento dos elementos envolvidos. Por exemplo, na figura seguinte, as duas concavidades existentes nos blocos onde as pontas de um eixo se apoiam são mancais de deslizamento.

***Mancais de rolamento*** - São aqueles que comportam rolamentos de esferas ou rolos nos quais o eixo se apoia. Quando o eixo gira, os rolamentos de esferas ou rolos também giram confinados dentro do mancal. Por exemplo, se colocarmos um rolamento de esferas ou rolos inseridos entre um eixo e um bloco, conforme a figura abaixo, o eixo rolará sobre as esferas ou rolos. São todos os mancais cujo trabalho baseia-se no rolamento dos elementos envolvidos.

Independente das características do mancal (se é deslizante ou de rolamento), é extremamente importante conhecer na transmissão qual deve ser o mancal fixo e qual deve ser o mancal móvel.

Os mancais devem ser montados dentro de um alinhamento preciso, para não trabalhar em um regime forçado e, consequentemente, não causar danos ao equipamento.

A maioria das máquinas e equipamentos possuem mancais. É sua função posicionar um elemento de máquina que gira em relação a outro. Em outras palavras, os mancais são componentes de máquinas destinados a assegurar movimentação rotativa entre duas superfícies, com baixo nível de atrito. São conjuntos destinados a suportar as solicitações de peso e rotação de eixos e árvores.

Como pode ser observado na imagem abaixo, é comum os mancais bipartidos de rolamentos serem fornecidos sem as respectivas furações de alimentação e de drenagem dos lubrificantes.

Raríssimos fornecedores disponibilizam os mancais já com as furações necessárias. Isso acontece porque as furações irão depender de alguns fatores, tais como:

a) O tipo de rolamento a ser utilizado dentro do mancal irá determinar o ponto correto das respectivas furações, ou seja dependendo do tipo de rolamento é que será definido se a relubrificação irá ocorrer no centro ou nas extremidades da tampa do mancal. Este fato também irá interferir diretamente na quantidade de lubrificante a ser alimentado durante a relubrificação.
b) O processo produtivo onde será instalado o mancal irá definir a forma e o ponto correto de ser instalado a drenagem do lubrificante do mancal.
c) A bitola do furo e a rosca do pino graxeiro é outro fator que interfere diretamente na preparação do mancal e impede que o fabricante defina qual padrão o usuário final deverá manter em seu processo.

Devido a estes fatores os fabricantes preferem deixar que os usuários finais definam onde serão realizados os furos de alimentação e de drenagem do lubrificante. Embora alguns fabricantes deixem todos os pontos possíveis já com seus respectivos furos e roscas e tapados com bujões, onde o usuário final decide qual ponto irá utilizar e, para isso, bastando apenas retirar o bujão já instalado.

Outro fator importante nos mancais é o desgaste interno. Os mancais não devem possuir desgastes internos, pois sua circularidade deve sempre estar perfeita. Por isso, sempre que realizar a troca dos rolamentos deve-se medir com um súbito o desgaste interno dos mancais.

Geralmente, o ajuste do interno dos mancais deveria ser H7 para garantir o perfeito abraçamento dos elementos internos e evitar desgastes e deficiência durante o giro.

Grande parte dos mancais utilizados nas indústrias é fabricada com ferro fundido. Por isso, muito cuidado deve ser tomado quando for apertar os parafusos de fixação dos mancais.

O ferro fundido é um material muito quebradiço e possui uma baixa resistência de aperto mecânico. Sendo assim, durante a fixação dos mancais, o aperto deve ser cuidadoso e sem exageros para não gerar trincas nas bases ou nas tampas dos mancais.

Outro fator importante, é durante a preparação para montagem e ou a desmontagem dos mancais para a substituição dos rolamentos.

No caso dos mancais bipartidos, sempre que for abrir o mancal, as peças devem ser marcadas para que seja possível evitar a troca das peças, ou seja, jamais devemos montar a tampa de um mancal em outro corpo de mancal.

Por mais parecidas que as peças sejam, não são uniformes. Isso é devido ao fato do mancal bipartido ser fabricado completo, e o corte de separação das peças somente é realizado posteriormente.

Desta forma, as partes somente se casam em seus respectivos pares. Tampa de um mancal jamais coincidirá com o corpo de outro mancal e vice-versa. A montagem até pode coincidir, mas o abraçamento do rolamento em seu interior será incoerente e isso causará sérios danos ao rolamento.

Algumas máquinas possuem os alojamentos ou mancais em suas próprias estruturas. Esses alojamentos são específicos e seus ajustes variam de acordo com a particularidade de cada máquina.

## 7.5 — Correias

Correias são elementos de máquinas que transmitem movimento de rotação entre dois eixos (motor e movido) por intermédio de polias. Elas são empregadas quando se pretende transmitir potência de um veio para o outro a uma distância em que o uso de engrenagens é inviável.

Correia é um elemento de máquina que é utilizado para transportar mercadorias, sendo um dos sistemas mais eficientes, já inventado, e podendo ser usado em uma grande variedade de máquinas e aplicações.

As correias, juntamente com as polias, são um dos meios mais antigos de transmissão de movimento. É um elemento flexível, normalmente utilizado para transmissão de potência entre dois eixos. São muito utilizadas, devido sua grande versatilidade e campos de aplicação.

A maneira de transmissão de potência se dá por meio do atrito que pode ser simples, quando existe somente uma polia motora e uma polia movida ou múltipla, quando existem polias intermediárias com diâmetros diferentes (escalonada).

A transmissão pode ser afetada por alguns fatores, dentre os principais a falta de atrito, pois quando em serviço, a correia pode deslizar e, portanto, não transmitir integralmente a potência.

As correias são divididas em dois grandes grupos:

1. Sistema de Transporte.
2. Sistema de Transmissão de Potência.

***Sistema de Transporte***

***<u>Correias para transporte (transportadoras)</u>*** – Geralmente são largas esteiras, utilizadas para transportar objetos, mercadorias, peças, grãos, entre diversos outros produtos dependendo do segmento industrial a qual está sendo aplicada.

As correias transportadoras são lonas montadas sobre estruturas metálicas de sustentação, unidas pelas pontas através de vulcanização ou emendas paralelas, com rolos em suas extremidades para realizar seu deslocamento e conjuntos de rolos guias ao longo de sua extensão para garantir sua perfeita aerodinâmica de acolhimento do produto a ser transportado.

A vulcanização das correias nada mais é que a união de suas extremidades através de colagem química.

As maiores preocupações com este tipo de correia durante seu funcionamento são: a tensão aplicada na correia, ou seja, o correto esticamento da correia e seu alinhamento, que deve ser preciso para evitar desgastes nas laterais.

***Sistema de Transmissão de Potência***

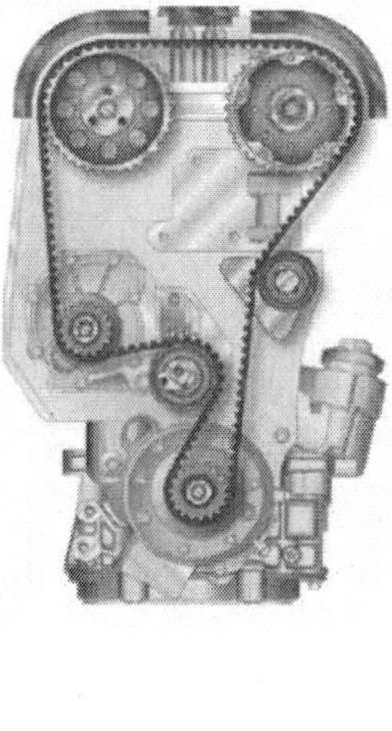

***Correias de transmissão*** - Utilizadas para movimentar acionamentos que exigem força, velocidade, sincronismo de movimento ou ambas. Podem transmitir grande quantidade de energia, pois é uma das formas mais utilizadas no mundo para transmissão de potência e de movimento, seu custo é relativamente baixo se comparado com outros princípios e demais elementos de máquinas, possuem uma grande tendência de proteção da unidade motora, pois absorvem determinadas vibrações e as compensam. Seu rendimento pode atingir até 98% de eficiência.

Os principais tipos de correias de transmissão são:

- ***Correias em perfil "V"*** - seu formato lembra a forma da letra "V", quando cortado ao meio;

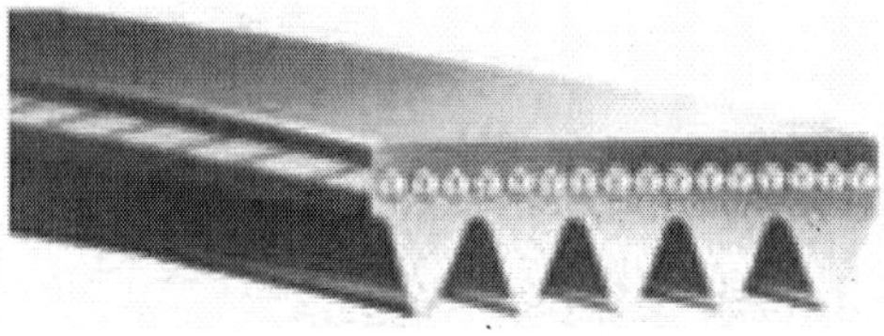

- ***Correias com perfil plano*** – seu formato é paralelo como uma fita.

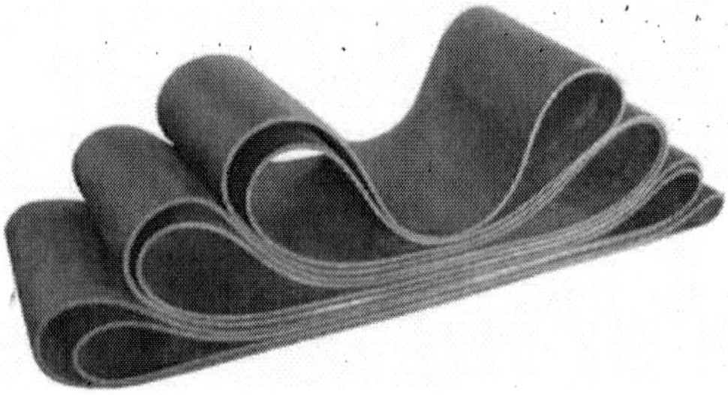

- ***Correia em perfil trapezoidal*** – seu formato se parece com um "V", porém suas extremidades superiores e inferiores são paralelas.

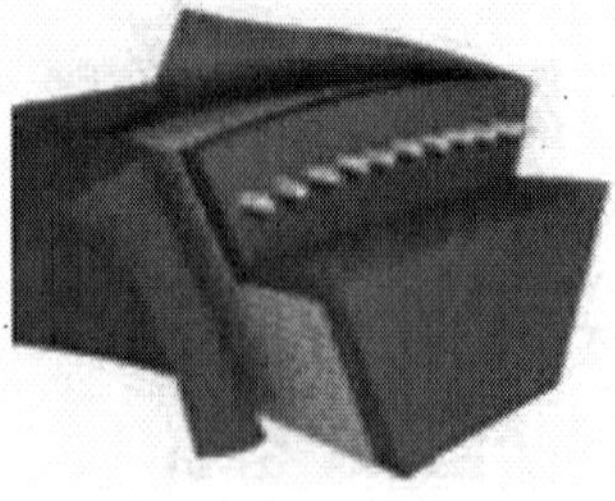

- ***Correia em perfil hexagonal*** – seu formato forma um hexágono, ou seja, possui seis lados.

- ***Correias Sincronizadoras*** - Correias dentadas onde os dentes da correia engrenam nos dentes das polias, sendo utilizadas em acionamento onde requer sincronismo de movimentos e força, onde seus dentes visam aumentar a aderência e o sincronismo das forças transmitidas.

- ***Correias Variadoras de Velocidade*** - Correia que, devido ao seu formato lembra o perfil das correias em "V", porém com uma construção muito mais reforçada, sendo utilizada em acionamentos que exigem mudanças periódicas de rotações.

Todas as correias podem ser simples, múltiplas ou de outras formas construtivas, tudo depende da necessidade e ou particularidade de cada máquina projetada.

No início da era industrial, as correias planas eram extensivamente usadas. Podemos verificar este fato observando em fotografias de antigas linhas de produção, nas quais um único eixo transmitia movimentos, via correias planas, para vários dispositivos ao longo da linha. O material dessas primeiras correias era quase sempre o couro.

Por volta da década de 1930, as correias em V e trapezoidais passaram a substituir as planas na maioria dos acionamentos. A vantagem básica consiste no efeito de que a cunha da correia na polia multiplica o coeficiente de atrito pelo inverso do seno do ângulo de inclinação da face lateral.

O resultado é um significativo ganho de capacidade, proporcionando conjuntos mais compactos, com menor nível de ruído se comparado com as correias planas.

Entretanto, as correias em V e trapezoidais não têm apenas vantagens,há também, em relação às planas, alguns aspectos negativos que, evidentemente, não chegam a comprometer o uso na maioria dos casos.

Algumas desvantagens:

Correias trapezoidais são quase sempre fornecidas em comprimentos padronizados. O material das correias planas pode ser fornecido em rolos e elas podem ser fabricadas no local, em qualquer comprimento. Alinhamento das polias é mais crítico no caso de correias trapezoidais.

As correias são feitas com materiais como:

- Borrachas.
- Polímeros sintéticos.
- Reforços de nylon.
- Tiras metálicas.
- Tecido.
- Couro.

As correias planas podem ser utilizadas em árvores paralelas ou reversas. Já a correia em v somente em árvores paralelas.

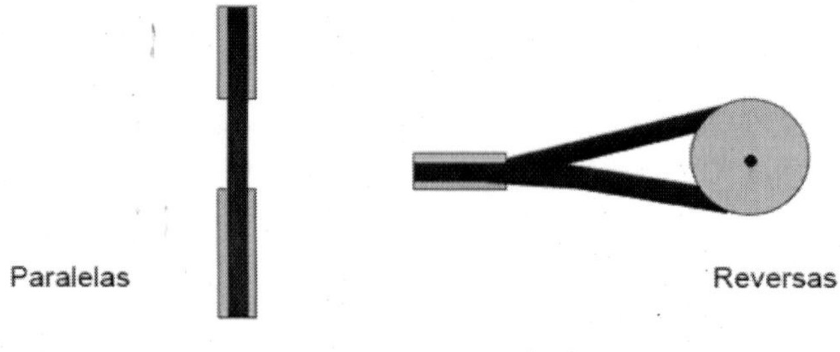

Uma mesma utilização pode ser atendida por diferentes combinações de número de correias, diâmetros de polias e outros. Portanto, o processo de escolha de uma correia para determinada aplicação envolve normalmente a análise de diversas soluções e a melhor opção é, em geral, um equilíbrio entre características conflitantes, como durabilidade da correia, custo das polias, espaço físico, etc.

Alguns fabricantes de correias oferecem softwares próprios e gráficos onde o processo de seleção fica bastante simples e rápido.

As correias industriais trapezoidais são fabricadas basicamente com dois conjuntos de perfis: o perfil Hi-Power (A, B, C, D e E) e o perfil PW (3V, 5V e 8 V).

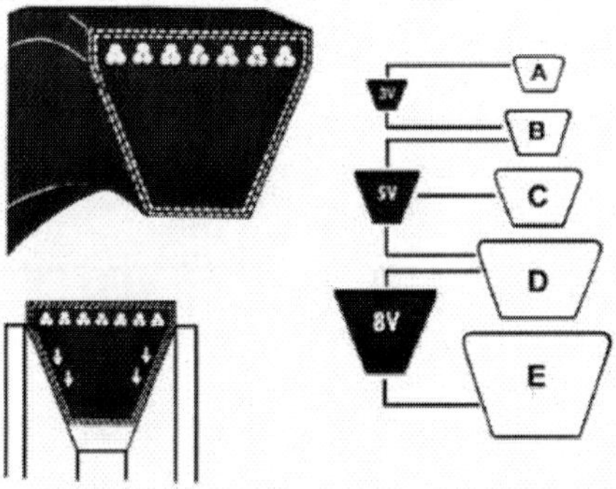


<table>
<tr><th rowspan="2">HI-POWER</th><th rowspan="2">Seção</th><th rowspan="2">b [mm]</th><th rowspan="2">t [mm]</th><th colspan="3">Faixa recomendada de diâmetros para a polia menor [mm]</th></tr>
<tr><th>$d_{mín}$</th><th>$d_{máx}$</th><th>$d_{limite}$</th></tr>
<tr><td rowspan="5">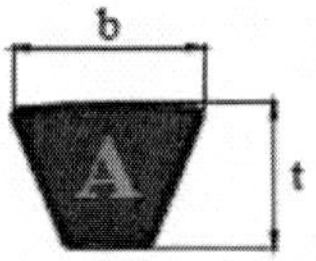<br></td><td>A</td><td>13</td><td>8</td><td>76</td><td>127</td><td>710</td></tr>
<tr><td>B</td><td>17</td><td>11</td><td>127</td><td>188</td><td>1000</td></tr>
<tr><td>C</td><td>22</td><td>14</td><td>188</td><td>330</td><td>1600</td></tr>
<tr><td>D</td><td>32</td><td>19</td><td>330</td><td>432</td><td>2000</td></tr>
<tr><td>E</td><td>38</td><td>23</td><td>432</td><td>710</td><td>2500</td></tr>
<tr><td rowspan="4">PW<br>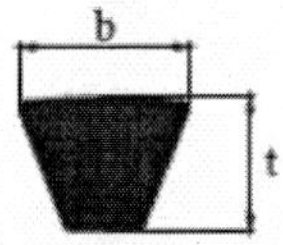<br></td><td>3V</td><td>9.5</td><td>8</td><td>68</td><td>304</td><td>–</td></tr>
<tr><td>5V</td><td>16</td><td>13.5</td><td>180</td><td>406</td><td>–</td></tr>
<tr><td>8V</td><td>25.4</td><td>22</td><td>320</td><td>570</td><td>–</td></tr>
<tr><td colspan="6">$\varphi$ = ângulo da correia "V"(34° a 42°)</td></tr>
</table>

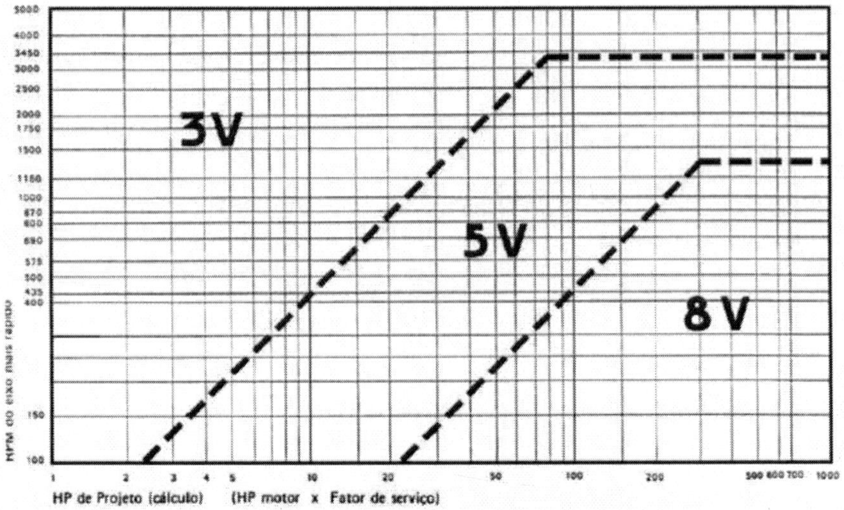


Figura 1.14 (a) - Gráficos para determinação da seção das correias 3V, 5V e 8V.
$P_{HP}$ x *rpm* do eixo mais rápido (polia menor).

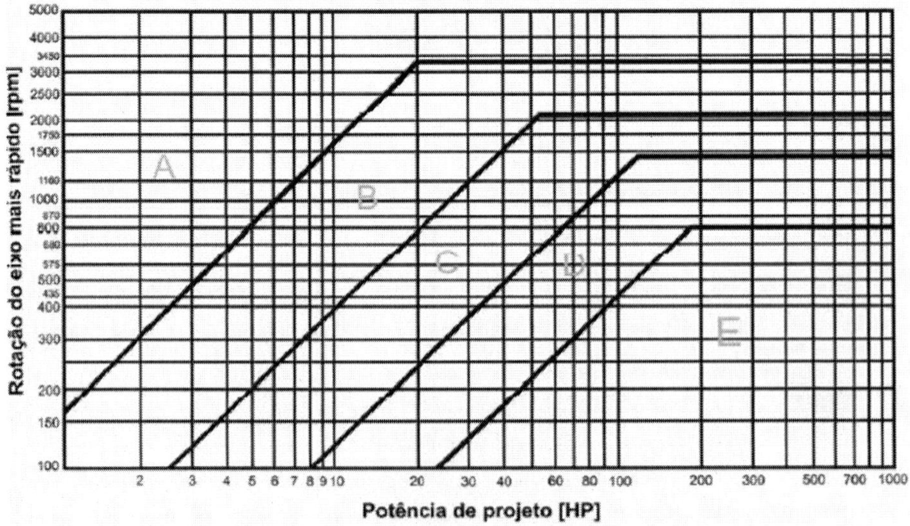


Figura 1.14 (b) - Gráficos para determinação da seção das correias A, B, C, D e E.
$P_{HP}$ x *rpm* do eixo mais rápido (polia menor).

Outro fator interessante das correias são as tensões as quais devem ser submetidas para o trabalho.

A tensão nas correias deve ser ajustada de acordo com o manual da máquina ou do fabricante das correias. Na falta destes usa-se o processo que indica a deflexão (Df) da correia de acordo com a força aplicada (F), tipo de correia, distância entre centros (C).

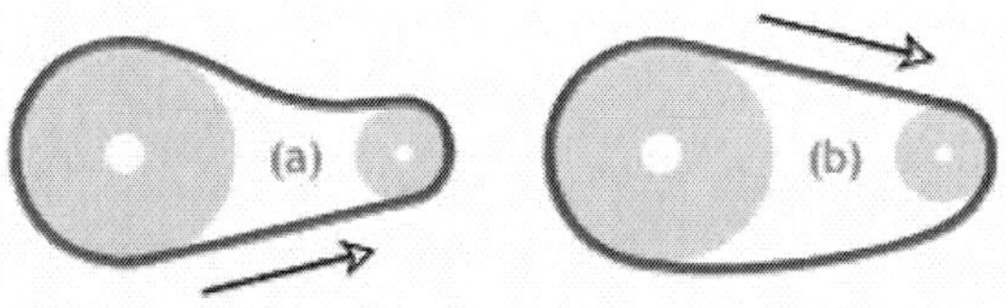


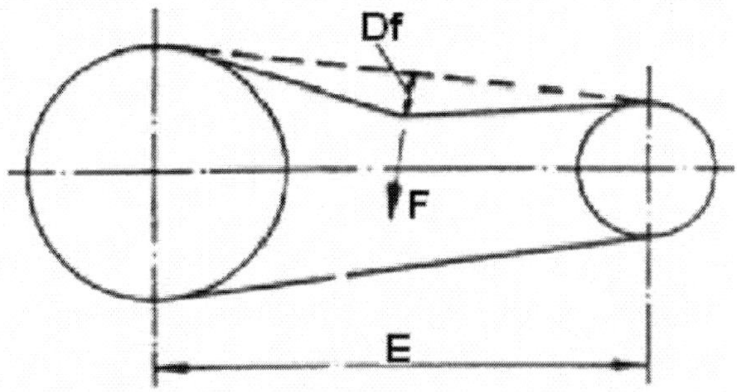


***Obs:*** Quando a relação de transmissão é muito alta, é necessário aumentar o ângulo de abraçamento da polia menor. Para isso, usa-se o rolo tensionador ou esticador, acionado por mola ou por peso.

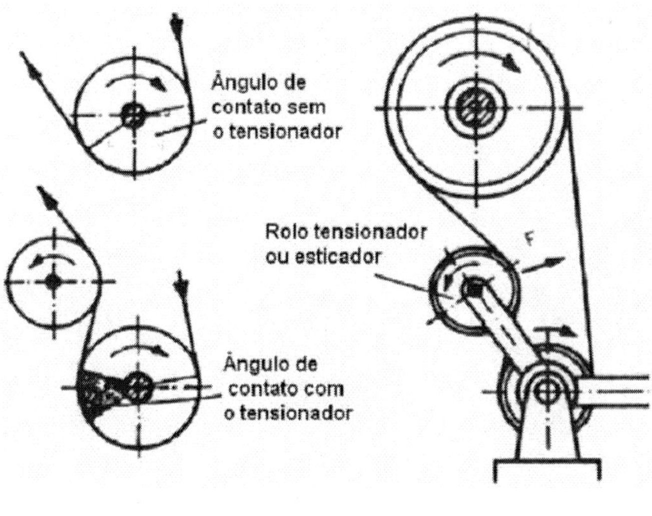

A tensão da correia pode ser controlada também pelo deslocamento do motor sobre guias ou por sistema basculante.

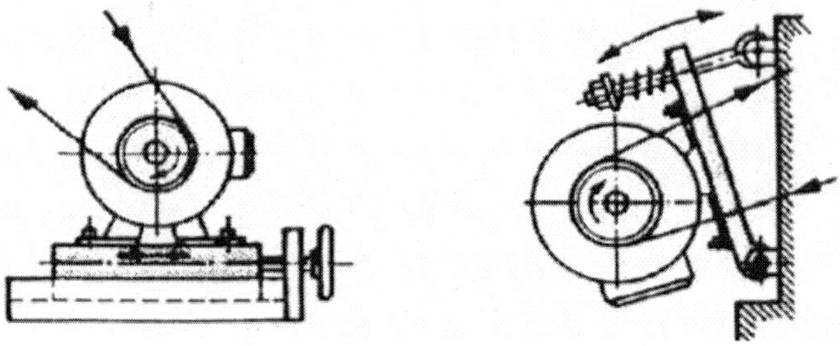

Para o bom funcionamento das correias, os dispositivos auxiliares tais como eixos e polias devem estar devidamente alinhados. O desalinhamento do conjunto é extremamente prejudicial para as correias.

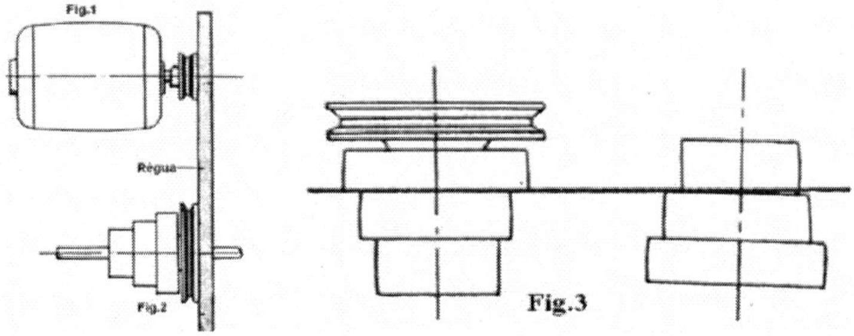


O perfil dos canais das polias em V deve ter as medidas corretas para que haja um alojamento adequado da correia no canal. A correia não deve ultrapassar a linha do diâmetro externo da polia e nem tocar no fundo do canal, o que anularia o efeito de cunha.

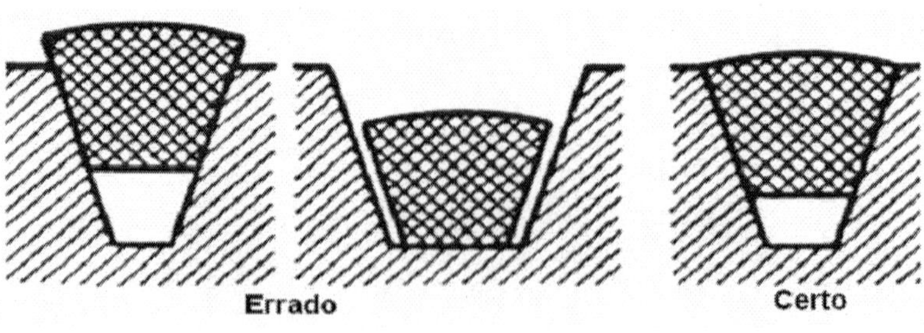

Diversos cuidados periódicos devem ser tomados para manter as correias em perfeito estado de utilização, bem como garantir sua confiabilidade de projeto:

- Deve-se manter as correias sempre limpas e secas, nenhum tipo de produto sólido, líquido ou pastoso deve ser projetado contra a superfície das correias.
- Entre as 10 e as 50 primeiras horas de serviço das correias novas, devemos verificar a tensão e ajustar o esticador de acordo com especificações técnicas. Nesse período, as correias sofrem maior esticamento.
- Devemos fazer a verificação de tensão de correias nas revisões de 100 horas. Nessas revisões, observar o desgaste das correias e polias. No caso de correias novas tocarem no fundo do canal, as polias devem ser consertadas (repassar no torno, se isso não prejudicar o número de rotações em demasia) ou substituí-la.
- As proteções das correias não devem ser removidas enquanto estiver em funcionamento.
- É impossível consertar uma correia danificada. Uma vez danificada a mesma deverá ser descartada imediatamente.
- Jamais se deve trocar uma só correia num jogo. Se uma se desgastar ou se danificar, devem ser trocadas todas as correias do jogo instalado.
- Nunca se deve misturar, em um jogo, correias de marcas diferentes ou correias de lotes de fabricação diferentes. Por mais que as correias sejam regidas por uma norma de fabricação, as correias de lotes ou fabricantes diferentes podem apresentar divergências dimensionais devido ao tipo de material sofrer alterações frequentes.
- Não se podem gerar vincos nas correias. Eles causam pontos de rupturas que ao entrarem em funcionamento se propagam rapidamente desgastando e rompendo as correias.

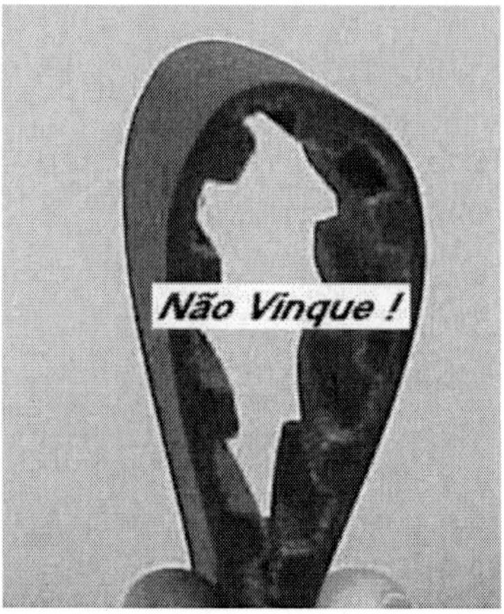


- Não se pode dobrar ou amassar as correias. Tais ações podem gerar rompimentos do entrelaçamento dos cordões internos ou deformações.

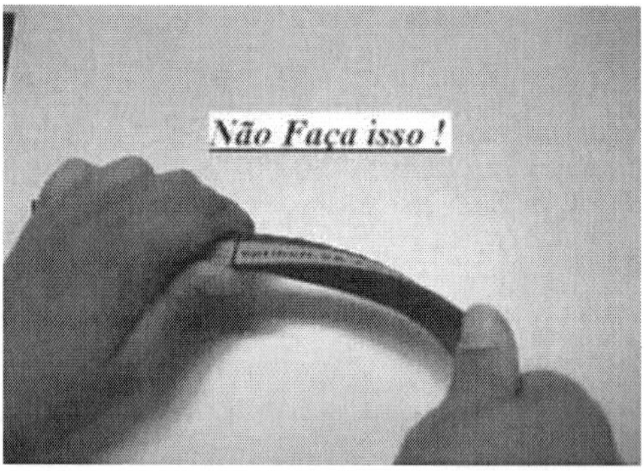


- As correias devem ser armazenadas em locais arejados, sem iluminação direta, sem temperatura elevada ou baixa demais.
- Quando for realizar a montagem das correias as mesmas jamais devem ser forçadas com chaves de fenda ou alavancas. Isso danifica a estrutura das correias.

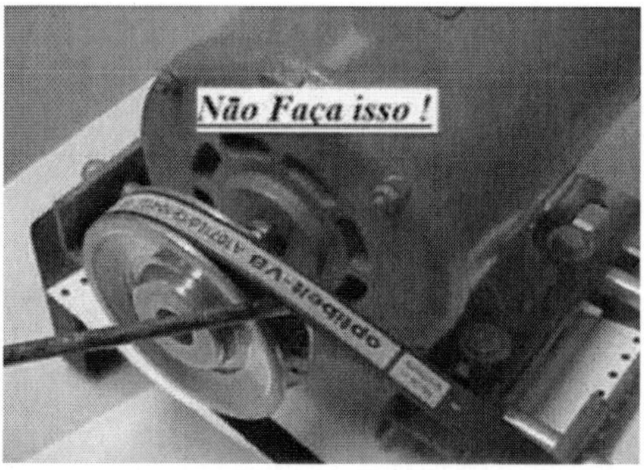


- Para a montagem correta das correias, afrouxe o esticador ou tensionador, ou até mesmo a base do motor e monte as correias sem esforços excessivos. Após a instalação, tencione novamente as correias até o ponto ideal e alinhe as polias.
- Jamais armazene as correias penduradas. Os pontos de contato também geram pontos de ruptura que se propagam quando a mesma é colocada em funcionamento.

- As correias sempre devem ser armazenadas enroladas e no plano horizontal.

Toda a correia de transmissão padronizada nos sistemas DIN ou ISO devem ser marcadas em seu costado (Veja o exemplo abaixo):

1. Nome do fabricante ou marca;
2. País de origem da correia;
3. Seu código de comprimento ou sua referência padronizada;

Questione seu fornecedor quando receber as correias sem as informações, e principalmente, com sinais de raspagem no costado, deixando a correia sem identificação.

Algumas observações nos levam a descobrir o que está acontecendo ou aconteceu com as correias.

a) Quando há perda da cobertura e inchamento da correia, certamente houve uma absorção de líquido inadequada, podendo ser proveniente até mesmo de óleo lubrificante. Neste caso, devemos limpar polias e correias.

b) Quando encontramos rachaduras nas correias, isso se dá devido a mesma ter ficado exposta ao tempo. Neste caso, devemos proteger e substituir as correias.

c) Quando ocorre derrapagem na polia, este fator se dá devido a tensão insuficiente. Para corrigir devemos tensionar adequadamente e conferir se não possui nenhuma polia travada.

d) Se houver rompimento de cargas momentâneas, o problema pode ser uma falha na instalação das correias. Neste caso, temos que instalar e operar adequadamente.

e) Quando há deslizamento ou derrapagem, pode ocorrer pelo desalinhamento das polias. Todo o conjunto deverá ser alinhado e se as polias apresentarem sinais de desgastes, as mesmas deverão ser trocadas.

f) Se ocorrer o endurecimento e rachaduras nas polias, perceberemos de imediato que a mesma foi exposta a altas temperaturas e sem ventilação adequada. Devemos substituir as correias, providenciar ventilação para troca térmica para que o ambiente possa retornar a temperatura normal de trabalho.

g) Se percebermos um chiado no funcionamento das correias, é proveniente de cargas momentâneas excessivas e falta de tensionamento. Neste caso, devemos redimensionar as correias para suportar tais cargas e ou tensionar corretamente.

h) Quando as correias começam a vibrar excessivamente, este fato se dá devido a tensão insuficiente. Deve-se corrigir o tensionamento e analisar as correias. Se estiverem com tensões diferentes pode ser que sofreram deformações elásticas e mesmo com o tensionamento algumas correias irão vibrar. Neste caso, as correias deverão ser substituídas.

## 7.6 — Cabos de Aço e Polias

Cabos são elementos de transmissão que suportam cargas (força de tração) deslocando-as nas posições horizontal, vertical ou inclinada. Os cabos são muito empregados em equipamentos de transporte e na elevação de cargas, como em elevadores, escavadeiras, pontes rolantes. Os cabos de aço sempre trabalham sob tensão e têm a função de sustentar ou elevar cargas.

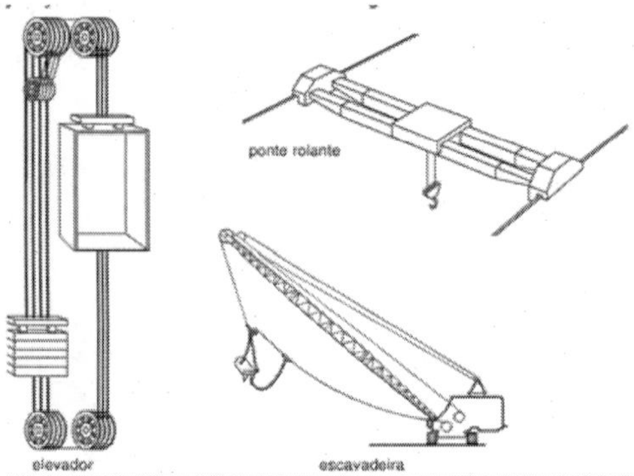


Exemplos da utilização de cabos de aço

Componentes do cabo de aço

O cabo de aço se constitui de alma e perna. A perna se compõe de vários arames em torno de um arame central, conforme a figura abaixo.

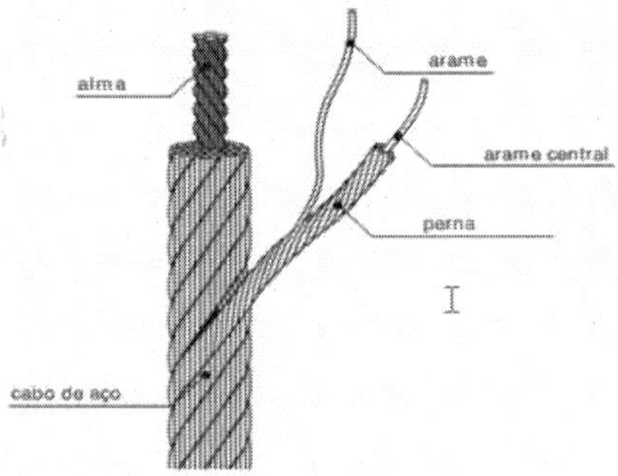


Componentes do cabo de aço

Quando a perna é construída em várias operações, os passos ficam diferentes no arame usado em cada camada. Essa diferença causa atrito durante o uso e, consequentemente, desgasta os fios.

**Passo** é a distância entre dois pontos de um fio em torno da alma do cabo.

Conceito de passo

*Medição do diâmetro: o diâmetro do cabo de aço é aquele da sua circunferência máxima.

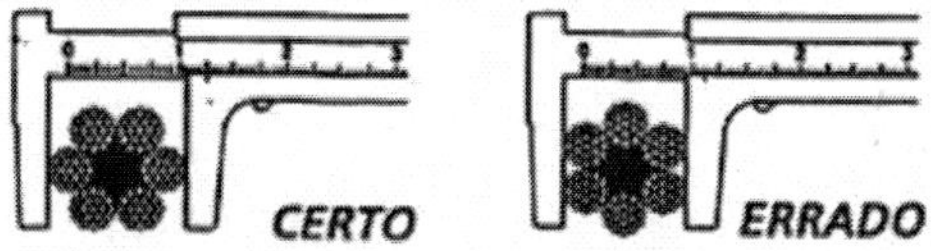


Medidas do cabo de aço

Polias e tambores para cabos

O diâmetro das polias e tambores para cabos deve ser o maior possível, considerando todos os fatores envolvidos no serviço.

Quanto à forma da canaleta (ou canal) devem ser observadas as recomendações do fabricante. Na ausência dessas informações, podem considerar os seguintes dados:

- Canais redondos guiam da melhor maneira.

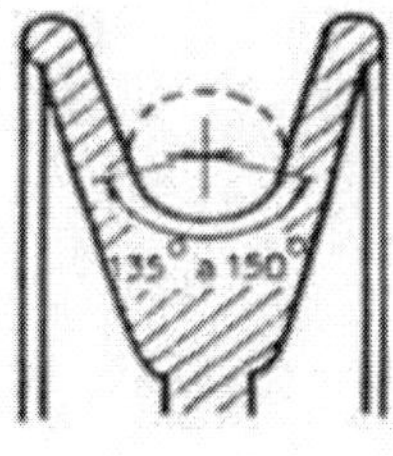


Canais redondos

- Canais a 45° dão a máxima durabilidade.

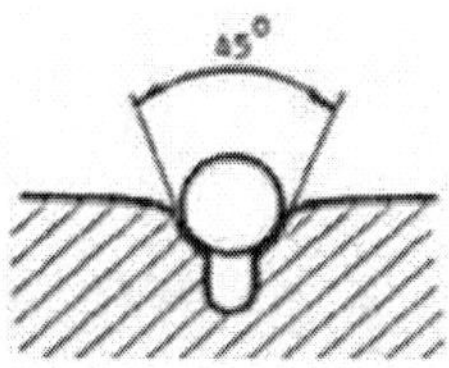


Canais para guia de cabos.

Canais a 20º dão o máximo efeito de cunha.

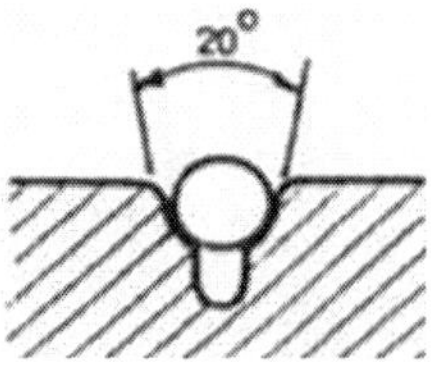


Canais para guia de cabos.

Os fios podem ser galvanizados ou simplesmente lubrificados.

Atualmente está sendo usado o náilon estirado como revestimento de cabos, o que dá boa proteção.

Observam-se também possíveis desgastes no sulco ou canal das polias.

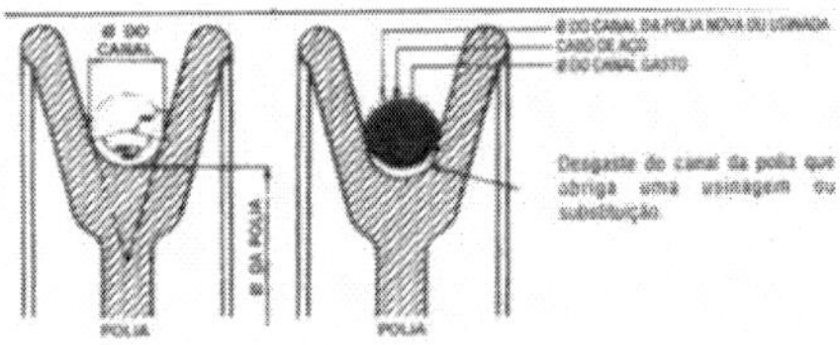


Desgastes dos sulcos das polias

Assim como os cabos de aço, as polias também possuem um limite máximo para este desgaste de acordo com a tabela 1.

**Tabela 1 – Limites de folgas dos sulcos das polias.**

| Diâmetro nominal do cabo em polegadas | Folga mínima em polegadas | Folga máxima em polegadas |
|---|---|---|
| 1/4 - 5/16 | 1/64. | 1/32. |
| 3/8 - 3/4 | 1/32. | 1/16. |
| 13/16 - 1.1/8 | 3/64. | 3/32. |
| 1.3/16 - 1.1/2 | 1/16. | 1/8. |
| 1.9/16 - 2.1/4 | 3/32. | 3/16. |
| 2.5/16 e acima | 1/8. | 1/4. |

### *Inspeção e Manutenção dos cabos de aço*

Muitas vezes é entendido que a "inspeção" é limitada apenas ao cabo de aço, porém a mesma deve ser estendida a todas as partes do equipamento que tenham contato com o cabo, ou seja, durante a inspeção do cabo, devemos inspecionar também as partes do equipamento como polias, tambores, etc. onde o mesmo trabalha.

É possível dividir a inspeção do cabo em dois tipos:

a) Inspeção Frequente

Este tipo de inspeção visa detectar danos como: dobras, amassamento, gaiola de passarinho, perna fora de posição, alma saltada, grau de corrosão, pernas rompidas, entre outros, que possam comprometer a segurança do mesmo. Este tipo de inspeção é feito através de análise visual e deve ser realizado pelo operador do equipamento ou outra pessoa responsável no início de cada turno de trabalho. Caso seja detectado algum dano grave ou insegurança quanto às condições do cabo, o mesmo deve ser retirado e submetido a uma inspeção periódica.

b) Inspeção Periódica

Este tipo de inspeção visa uma análise detalhada das condições do cabo de aço.

A frequência desta inspeção deve ser determinada por uma pessoa qualificada devendo estar baseada em fatores tais como: a vida média do cabo determinada pela experiência anterior, agressividade do meio ambiente, relação entre a carga usual de trabalho e a capacidade máxima do equipamento, frequência de operação e exposição a trancos. As inspeções não precisam necessariamente ser realizadas em intervalos iguais, e devem ser mais frequentes quando se aproxima o final da vida útil do cabo.

É importante que esta inspeção abranja todo o comprimento do cabo, dando foco nos trechos onde o cabo trabalha nos pontos críticos do equipamento.

### *Critérios de Substituição*

Não existe uma regra precisa para se determinar o momento exato da substituição de um cabo de aço, uma vez que, diversos fatores estão envolvidos.

Aspectos como: meio ambiente, condições gerais de partes do equipamento (polias/tambores), condições de uso do equipamento, período de uso do equipamento, entre outros, influenciam diretamente na sua durabilidade. Desta forma, a substituição do cabo deve ser feita baseada na inspeção do mesmo.

A inspeção periódica é muito importante e deve ser baseada em alguma norma ou literatura que apresente um critério de substituição do cabo.

O primeiro passo, para uma boa inspeção é detectar os pontos críticos no equipamento. Chama-se de pontos críticos qualquer ponto que possa expor o cabo a um esforço maior a desgastes ou mesmo algum dano.

Na maior parte dos equipamentos, estes pontos são trechos onde o cabo trabalha em contato direto com alguma parte do equipamento como: polia tambor, entre outros.

É importante lembrar que ninguém melhor do que o operador do equipamento para conhecer os pontos críticos do mesmo. O critério de substituição de cabos sugerido abaixo é baseado na norma ASME.

A inspeção dos cabos inclui a verificação de vários problemas descritos abaixo:

a) Redução de Diâmetro.

Geralmente a redução do diâmetro do cabo pode ser causada por: desgaste excessivo dos arames, deterioração da alma ou corrosão interna ou externa.

Para cabos convencionais (Classes 6x7, 6x19 e 6x37), as normas admitem uma redução da ordem de 5% do diâmetro nominal, já para cabos de aço elevadores (Classe 8x19), é admitida uma redução de diâmetro da ordem de 6% do diâmetro.

É necessário ressaltar, porém, a correta medição do diâmetro conforme já comentado anteriormente.

Desta forma, quando verificada uma redução menor que as propostas acima, o cabo deverá ser substituído.

b) Corrosão.

Além de acelerar a fadiga, a corrosão também diminui a resistência à tração do cabo de aço através da redução de área metálica.

A corrosão pode apresentar-se na parte interna ou externa do cabo. Embora a detecção da corrosão interna seja mais difícil visualizar, alguns indícios como: variações de diâmetro ou perda de afastamento podem indicar sua existência.

*Corrosão em cabos de aço*

É importante também verificar a existência de corrosão na região da base de soquetes. Esta região se mostra propícia para acúmulo de umidade.

Corrosão na base dos soquetes.

c) Arames Rompidos

A ruptura de arames, geralmente ocorre por abrasão, fadiga por flexão ou amassamentos gerados por uso indevido ou acidente durante o funcionamento do cabo, podendo ocorrer tanto nos arames internos como externos. Dentro do possível é importante que, durante a inspeção, os arames rompidos sejam retirados do cabo com um alicate, (figura 11). A ilustração de fios rompidos está descrita na figura abaixo.

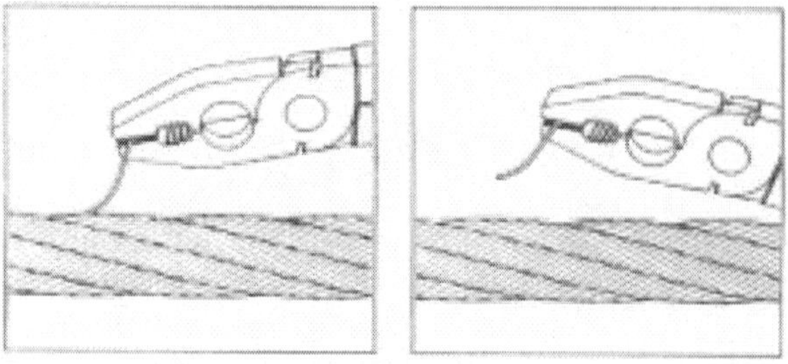

*Arames rompidos*

O arame interno mantém contato internamente na perna e na alma, já o arame externo mantém contato nas regiões de contato entre pernas ou entre a perna e a alma. Dois tipos de quebras devem ser analisados, conforme figura na sequencia.

- Quebra de topo, onde as rupturas dos arames são notadas no topo da perna.
- Quebra no vale, localizada na região entre pernas.

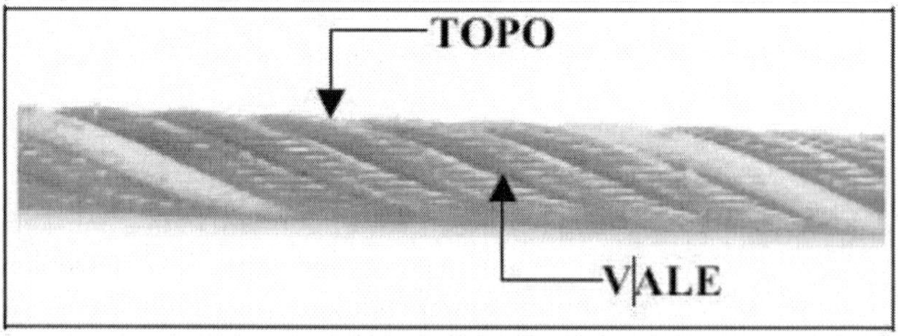


*Tipos de quebra*

A ruptura de arames no vale deve ser tratada com muito cuidado, pois, a mesma é gerada através do "nicking" formado pelo atrito entre pernas.

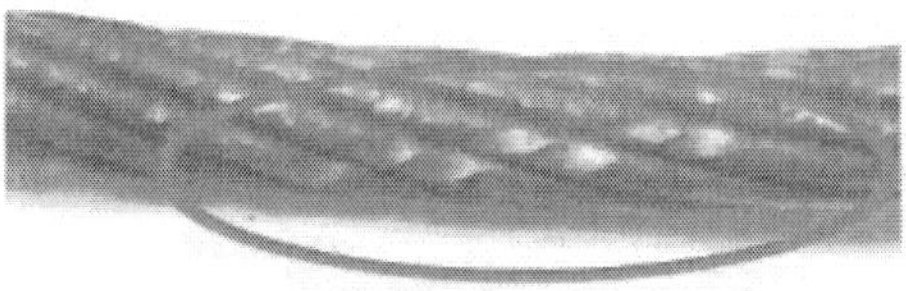


*Ruptura de arames*

Geralmente, quando detectado um rompimento de arames no vale, certamente outros estarão rompidos ou na eminência de se romper. Atenção especial deve ser dada a alguns pontos críticos, como por exemplo, na base de terminais, pois, é muito difícil visualizar as quebras nestes pontos.

Quando verificado dois arames rompidos nesta região recomenda-se a substituição do mesmo ou que seja resoquetado. A resoquetagem não deve ser feita se o encurtamento do cabo prejudicar a sua operação.

Geralmente a ruptura dos arames externos dá-se no topo do cabo de aço sendo gerada por desgaste abrasivo, fadiga por flexão ou mesmo amassamentos. Algumas normas, como por exemplo, a NBR ISO 4309, apresenta fórmulas complexas para a determinação do número máximo de arames rompidos, mesmo assim podem ser usadas. A tabela 2, abaixo, sugere-se o critério de determinação de fios rompidos segundo normas ASME. A quantidade de arames rompidos deve ser verificada no comprimento de um passo.

**Tabela 2 – Critério de fios rompidos**

| CRITÉRIO DE FIOS ROMPIDOS PARA CABOS CONVENCIONAIS | | |
|---|---|---|
| *CLASSE (classificação)* | *Fios rompidos aleatoriamente em um passo* | *Fios rompidos na perna em um passo* |
| *6x19* | *6* | *3* |
| *6x37* | *12* | *4* |

Tabela baseada nas normas ASME B30. 2 e B.30.5

A tabela 3 apresenta o mesmo critério para cabos elevadores.

**Tabela 3 – Critério de fios rompidos para cabos de elevadores**

| *CRITÉRIO DE FIOS ROMPIDOS PARA CABOS ELEVADORES* | | |
|---|---|---|
| ***CASO*** | ***Máquina de acionamento por Tração*** | ***Máquina de acionamento por tambor*** |
| | ***CABOS 8X19*** | |
| ***1*** | ***32*** | ***15*** |
| ***2*** | ***10*** | ***8*** |

- CASO 1: Arames rompidos aleatoriamente dentro de um passo.
- CASO 2: Arames rompidos predominantes em 1 ou 2 pernas.

Entretanto dentro das indústrias os profissionais costumam definir seus próprios limites para avaliação de fios rompidos. Segue abaixo um dos limites mais comuns utilizados para definição da quantidade de fios rompidos permitidos em um cabo de aço.

Usa-se a seguinte formula:

Para determinar esta tolerância permite-se no máximo 60 fios rompidos em um espaço de 30 vezes o diâmetro do cabo, ou seja:

Cabo de 1" de diâmetro multiplica-se 25,4 x 30 = 762mm.

Para um cabo de aço de diâmetro de 1", permite-se no máximo 60 fios rompidos em um espaço de 762mm de comprimento. Desde que não ultrapasse a quantidade de fios rompidos na mesma perna, dentro do mesmo passo, conforme tabelas 2 e 3.

d) Danos por Temperatura

Se durante a inspeção, for detectado alguma evidência de dano por alta temperatura o cabo deverá ser substituído. Cabos expostos a altas temperaturas (acima de 300ºC podem apresentar redução em sua capacidade de carga. Estes danos poderão ser verificados através da aparência do lubrificante (borra) ou mesmo pela alteração de cor dos arames na região afetada.

e) Danos por Distorção

Esses danos normalmente provêm do manuseio incorreto do cabo de aço. Por isso os seguintes cuidados com o manuseio devem ser observados: o cabo de aço deve ser enrolado e desenrolado corretamente, a fim de não ser estragado facilmente por deformações permanentes e formação de nós fechados. Se o cabo for manuseado de forma errada, ou seja, enrolado ou desenrolado sem girar o rolo ou o carretel, o cabo ficará torcido e formará laço. Com o laço fechado, o cabo já estará estragado e precisará ser substituído ou cortado no local.

*Importante: mesmo que um nó esteja aparentemente endireitado, o cabo nunca pode render serviço máximo, conforme a capacidade garantida. O uso de um cabo com este defeito torna-se perigoso, podendo causar graves acidentes.

**Como trabalhar com o cabo de aço**

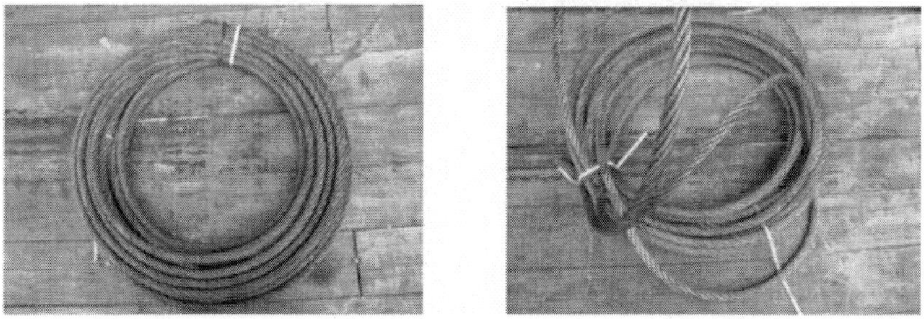

Exemplo de defeitos provenientes do manuseio

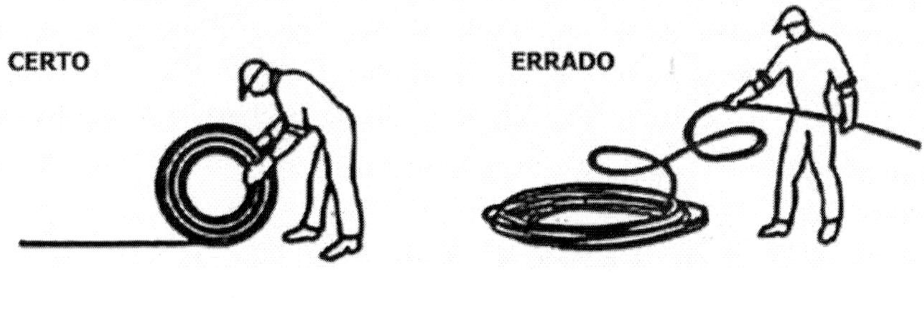


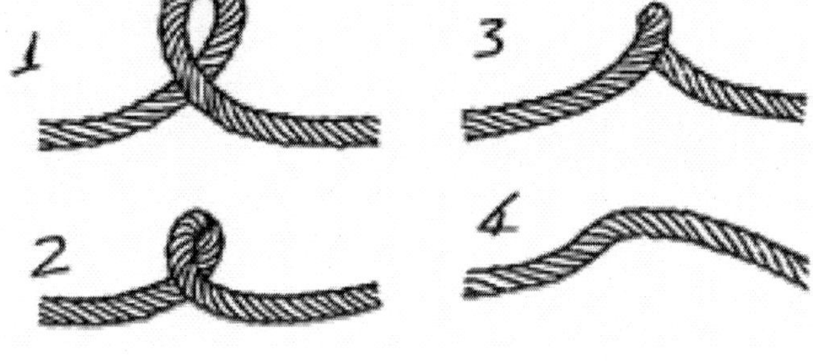

f) Exemplos de outros danos comuns

- Gaiola de passarinho – É provocada pelo choque de alívio de tensão, ou seja, quando a tensão, provavelmente excessiva, tenha sido aliviada instantaneamente.

*Defeito "gaiola de passarinho"*

- Cabo amassado – trata-se provavelmente, de cruzamento de cabos sobre o tambor ou de subida dos cabos sobre a quina da canaleta. Evita-se esse problema mantendo o cabo esticado e um enrolamento ordenado do cabo no tambor.
- Alma Saltada – Gerada por alívio repentino de tensão, possivelmente causados por uma aceleração ou desaceleração brusca, onde estas rampas não seguem uma suavidade em função do desequilíbrio de tensões aplicadas sobre o cabo.

*Alma saltada*

- *Rompimento* - Cabo de aço que trabalhou fora da polia.

Podem-se perceber duas características de rupturas nos arames: amassamento e sobrecarga.

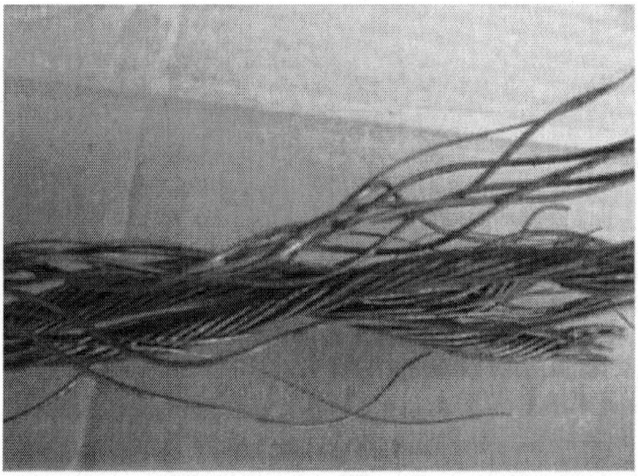

*Cabo rompido*

- *Rabo de Porco* – Gerado pelo trabalho do cabo em diâmetros pequenos.

Rabo de porco

- *Perna de Cachorro (dobra)* – Gerado durante o manuseio do cabo.

Perna de cachorro

- Quebras de fios externos, podem serem causados por:
- Diâmetro da polia ou tambor excessivamente pequeno ou mudança frequente de direção.
- Corrosão;
- Excesso de flexões do cabo;
- Abrasão não uniforme;
- Excesso de tempo de trabalho do cabo

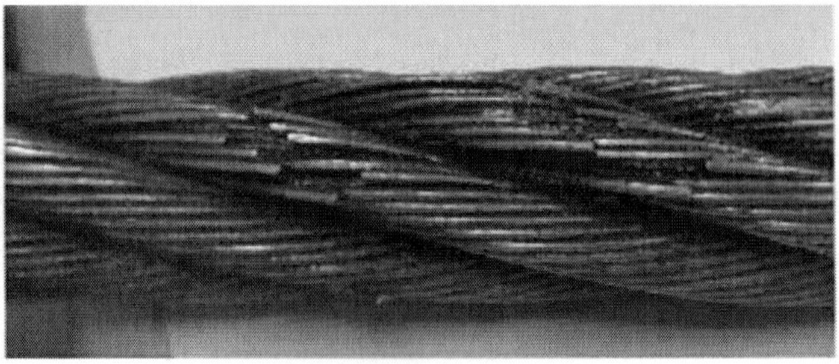

Quebra de fios externos

- Ondulação – Trata-se de deslizamento de uma ou mais pernas devido à fixação imprópria ou devido ao rompimento da alma.

• Deterioração da alma – Trata-se de falta de lubrificação. Dependendo do tipo de alma, esta pode fragmentar-se quando resseca, ou pode apodrecer com umidade ou penetração dos líquidos corrosivos.

• Redução de seção de fios externos – O cabo deve ser substituído quando atingir a porcentagem determinada pelo fornecedor da máquina.

• Esmagamento – Dano, geralmente causado pelo enrolamento desordenado de cabos no tambor ou mesmo pelo incorreto ângulo formado entre a polia de desvio e o tambor.

*Enrolamento desordenado*

g) Cuidado

Além dos cuidados de instalação que visam, principalmente, evitar o aparecimento do nó, que limita o aproveitamento do cabo, o inspetor de manutenção industrial deve ainda tomar os seguintes cuidados:

1. Manter o cabo de aço afastado de produtos químicos nocivos (ácidos), abrasivos e cantos afiados.
2. Armazenar o cabo de aço em local seco, por meio de carretel, para fácil manuseio, sem torção estrutural.
3. Não deixar que o cabo se encoste à lateral da polia, no chão ou nos obstáculos ao longo do seu caminho.
4. Evitar arrancadas ou mudanças bruscas de direção.
5. Aplicar suavemente as forças.

6. Permitir que o cabo esteja bem esticado antes de levantar o peso.
7. Manter o cabo sempre limpo. As partículas abrasivas são particularmente nocivas.
8. Manter o cabo sempre lubrificado. A lubrificação do cabo deve ser incluída na ficha de lubrificação da máquina.
9. Os cabos devem ser inspecionados periodicamente, conforme as recomendações do fabricante da máquina.
10. Não se descuidar das argolas, pinos, etc., em caso de desgaste acima do indicado pelo manual de serviço, devem ser trocados ou recondicionados. Na falta de indicação do manual, considerar 10% na perda de seção como valor máximo.
11. Os canais não devem ser largos demais para que o cabo tenha apoio nas laterais e não deforme.
12. O material deve ser resistente tanto à abrasão quanto à fluência (escoamento), a fim de não se desgastar nem se deformar facilmente.

***Recomendação***

Como já é sabido, a inspeção visual dos cabos de aço não garante a total eficiência do equipamento, uma vez que estudos técnicos indicam que a inspeção visual garante somente a visibilidade de no máximo 20% de toda a extensão e estrutura do cabo de aço, devido à dificuldade de acesso ao seu interior.

Para uma garantia total da estabilidade da estrutura do cabo de aço, sugere-se um ensaio não destrutivo (Inspeção Eletromagnética), a qual se trata de uma técnica de última geração, porém, atualmente, extremamente cara, fato este que até então se torna inviável a aplicação, direcionando assim a contínua prática da inspeção visual.

## 7.7 – Acoplamentos

Acoplamento é um conjunto mecânico, constituído de elementos de máquina, empregado na transmissão de movimento de rotação entre duas árvores ou eixo-árvore. Figura 30.

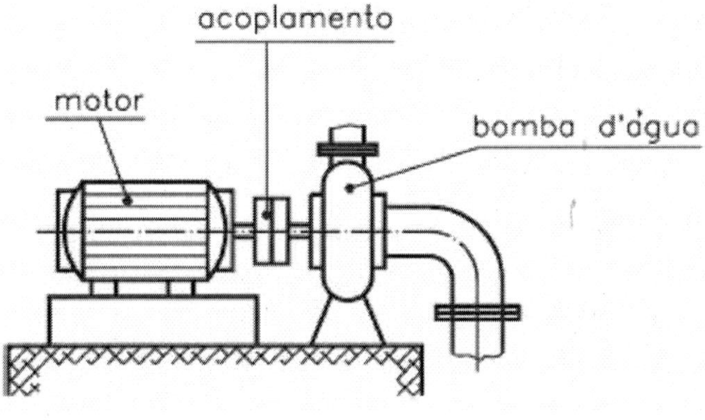


Emprega-se o acoplamento quando se deseja transmitir um momento de rotação (movimento de rotação e forças) de um eixo motor a outro elemento de máquina situado coaxialmente a ele.

### *Tipos de acoplamentos*

Os acoplamentos podem ser primariamente divididos em Acoplamentos Lubrificáveis e Não Lubrificáveis. Ambos os casos podem novamente ser subdivididos em outros grupos. Segue, abaixo, alguns tipos de acoplamento.

*Acoplamento de Grade Elástica*

Um dos acoplamentos rígidos mais conhecidos e mais utilizados é o acoplamento de grade elástica.

São dois cubos montados nos respectivos eixos os quais possuem uma capa protetora acima dos cubos onde se faz a união dos mesmos e dentro uma grade elástica que permite a transmissão do movimento e até uma leve compensação de desalinhamento ocasionado pelo dimensionamento do projeto.

Um fator importante, que geralmente acarreta inúmeras falhas neste tipo de acoplamento, é a falta de lubrificação. Este tipo de acoplamento necessita ser lubrificado antes de ser colocado em operação e sua lubrificação deve seguir uma rotina frequente.

Qualquer falha gerada na grade elástica acarreta no mau funcionamento do acoplamento. Sendo assim, uma grade elástica oxidada por falta de lubrificação ou quebrada por algum esforço excessivo deve-se substituir de imediato o acoplamento.

*Acoplamento rígido com flanges parafusadas*

Utilizado quando se pretende conectar eixos, e é próprio para transmissão de grande potência em baixa velocidade.

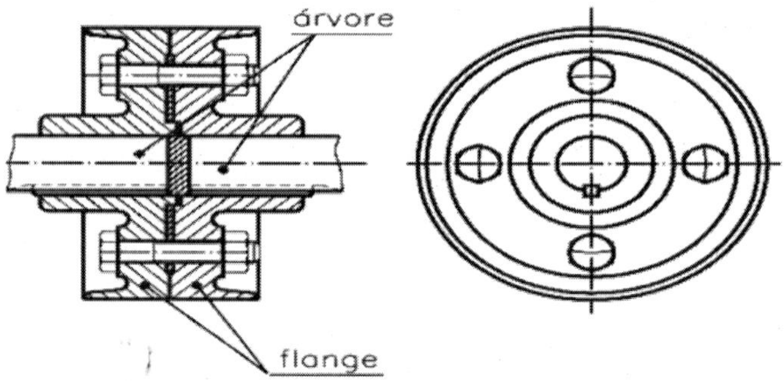


É um acoplamento visualmente similar ao acoplamento de grade elástica, porém não possui a grade e as capas não são removíveis, são fixas e garantem uma perfeita união dos cubos.

*Acoplamento com luva de compressão ou de aperto*

Facilita a manutenção de máquinas e equipamentos, contando com a vantagem de não interferir no posicionamento das árvores, podendo ser montado e removido sem problemas de alinhamento.

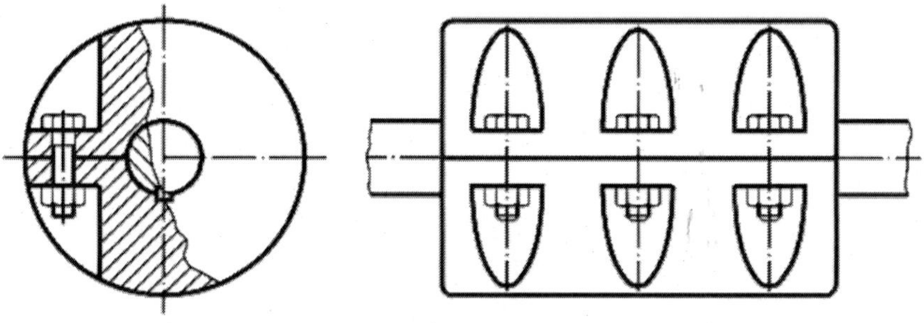

*É o tipo de acoplamento mais simples que se possa instalar.*

***Acoplamentos de discos ou pratos***

*Empregado na transmissão de grandes potências em casos especiais, por exemplo, nas árvores de turbinas. As superfícies de contato nesse tipo de acoplamento podem ser lisas ou dentadas.*

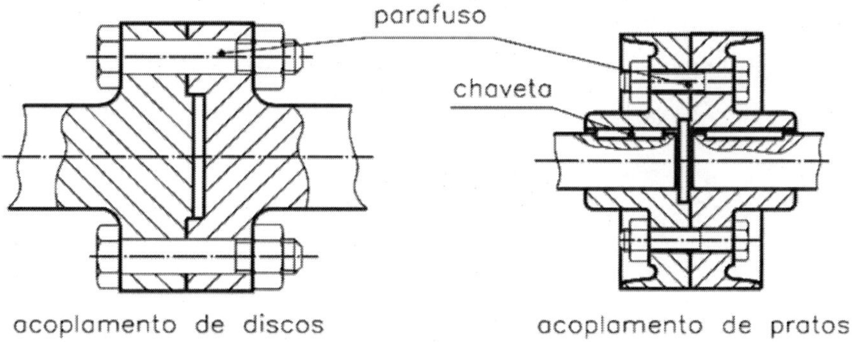


**Acoplamentos de engrenagens**

Acoplamentos de engrenagens são rígidos de maneira torcida e são fornecidos em dois modelos - completamente flexível e flexível/rígido. Um acoplamento completamente flexível é composto por dois cubos com uma engrenagem externa e duas buchas externas com uma engrenagem interna. É um acoplamento universal para todo tipo de aplicações e acomoda todos os desalinhamentos possíveis (angular, compensado e combinado), além de grandes momentos axiais. Máquinas, rolamentos, vedações e eixos, portanto, não estão sujeitos a forças adicionais, às vezes de magnitude considerável, que surgem do inevitável desalinhamento geralmente associado a acoplamentos de eixo rígido.

Um acoplamento flexível/rígido é composto por uma metade de engrenagem flexível e uma metade rígida. Isto não acomoda o posicionamento paralelo de eixos, mas acomoda desalinhamento angular. Este tipo de acoplamento é usado primariamente para aplicativos de "eixo flutuante".

***Acoplamento de Lâminas***

Os acoplamentos flexíveis de lâminas foram projetados para uma confiável transmissão de potência de um acionador (turbina, motor elétrico etc.).

Esses acoplamentos foram especialmente desenvolvidos para aplicações como bombas centrífugas, compressores, ventiladores, geradores, torres de resfriamento, máquinas operatrizes, máquinas de papel e impressão.

São fabricados com lâminas flexíveis em aço inox com ótima resistência à corrosão e flexibilidade para acomodar desalinhamentos angulares de até

½° assegurando que as forças de reação nos mancais dos equipamentos sejam minimizadas.

O acoplamento não requer lubrificação e é praticamente livre de manutenções periódicas. Apropriadamente instalados e alinhados os acoplamentos de lâminas são projetados para fornecer vida útil infinita.

As unidades flexíveis são autocentrantes não requerendo dispositivos especiais para limitação de flutuação axial do eixo.

As unidades são fornecidas como um conjunto unificado incluindo lâminas e todas as partes de fixação (parafusos, porcas etc.) reduzindo o número de peças soltas e simplificando a instalação e reposição.

***Acoplamento de Elemento Elástico***

Estes acoplamentos são compostos por dois cubos simétricos de ferro fundido cinzento, e um elemento elástico alojado entre eles, de borracha sintética de elevada resistência à abrasão.

Esta configuração torna apto ao acoplamento ser torcionalmente elástico e flexível em todas as direções, absorvendo vibrações, choques, desalinhamentos radiais, axiais e angulares; protegendo desta forma os equipamentos acoplados.

Estes acoplamentos permitem trabalho em posição horizontal e vertical, desde que corretamente fixados, e aceitam reversões de movimentos. Podem ser usados em temperaturas de "20 a 80C.

Em função de sua forma construtiva simples, dispensam cuidados e ferramentas especiais para sua montagem, tornando este trabalho rápido e fácil. Não necessitam manutenção e nem lubrificação. São compactos, possuem baixo peso, e consequentemente um baixo momento de inércia J.

### *Acoplamento flexível*

É aquele cuja construção permite outras funções além de unir eixos, tais como desalinhamento, desnivelamento, torções e amortecimento, desde que os mesmos não ultrapassem seus limites pré-estabelecidos.

Este acoplamento é composto por dois cubos simétricos e que em suas extremidades internas possuem furos por onde o elemento acoplante será fixado. Possui um elemento de acoplamento geralmente fabricado em borracha com roscas em suas abas para facilitar suas fixações e uniões entre os cubos.

É um acoplamento que suporta um desalinhamento significativo e compensa uma vibração proveniente de diversas projeções.

### *Acoplamento hidráulico*

É aquele cuja construção permite outras funções além de unir eixos, tais partidas suaves e sem choques, torque limitado e absorção de sobrecarga.

O acoplamento hidráulico funciona como um sistema de bomba-turbina. O lado motor bombeia o fluido hidráulico contra o lado turbina, impulsionando-o. O motor parte sem carga atingindo rapidamente 85% de sua velocidade nominal. Neste momento, o lado acionado começa a acelerar suavemente, sem sobrecarregar o motor.

O fluido hidráulico do acoplamento pode ser óleo hidráulico ou água para determinadas aplicações.

***Importante:***

Muitos fabricantes de acoplamentos alegam que seus acoplamentos podem absorver os esforços causados pelo desalinhamento. Isto pode ser verdade, mas os mancais não conseguem absorver esses esforços. A energia gerada pelo desalinhamento eventualmente destruirá os mancais independente do acoplamento que seja utilizado.

Nenhum acoplamento deve ser colocado em operação e nem trabalhar sem suas devidas proteções, quer sejam metálicas ou plásticas.

A instalação de um acoplamento é um processo relativamente simples, onde alguns acoplamentos possuem um encaixe com bastante folga, o que facilita sua inserção no eixo e somente após estar posicionado é que se realiza o aperto dos parafusos para fechar seu diâmetro interno e fixar no eixo, este é tipicamente o caso do acoplamento com luva.

Outros acoplamentos possuem um ajuste um pouco mais preciso. Isso dificulta um pouco sua instalação, principalmente se o acoplamento for de um tamanho ou peso significativo.

Para estes acoplamentos, o ideal é realizar uma montagem a quente, onde podemos aquecer o cubo para que o mesmo possa dilatar seu diâmetro interno e assim inseri-lo no eixo sem maiores esforços.

Para montagem sem o recurso do aquecimento (preferencialmente aquecimento por indução e não chama direta), podemos utilizar uma prensa quando aplicável. É o que se pode chamar de montagem a frio.

É extremamente importante, antes da montagem, inspecionar as condições do eixo, pois o mesmo não pode possuir colos, ranhuras, relevos e suas medidas devem estar compatíveis com as tolerâncias especificadas para cada aplicação.

Como mencionado anteriormente, independentemente do tipo de acoplamento a ser instalado, o alinhamento deve ser perfeito, pois os demais elementos de máquinas adjacentes ao ativo não suportarão estes desalinhamentos.

O aperto final dos acoplamentos, sejam cubos ou fixações, deve seguir as técnicas básicas de montagem com apertos cruzados para garantir uma ancoragem correta e uniforme.

Alguns acoplamentos necessitam ser lubrificados e esta lubrificação deve ocorrer antes mesmo do acoplamento entrar em operação. A lubrificação irá minimizar o atrito gerado entre as partes metálicas em contato e evitará o desgaste prematuro dos componentes.

Para os acoplamentos hidráulicos, os mesmos jamais podem ser operados com quaisquer tipos de vazamentos de óleo. A falta de fluido causa sérios danos ao acoplamento e compromete instantaneamente sua eficácia.

## 8 – Nota do Autor

A proposta deste projeto é externar aos novos profissionais do segmento da Manutenção Mecânica Industrial, informações que não são apresentadas durante seus processos de aprendizagens dentro das escolas técnicas e das faculdades.

Toda formação profissional é desenvolvida pelas organizações de ensino baseadas em teorias literárias e poucos desenvolvimentos práticos reais.

Desta forma a estratégia deste projeto é levar aos novos profissionais as condições reais do dia a dia encontradas no chão de fábrica das pequenas, médias e grandes empresas, inclusive multinacionais de altíssimo porte.

Diversos detalhes técnicos adquiridos e aplicados na prática do dia a dia vão de encontro às informações teóricas adquiridas durante o período de ensino técnico ou superior.

Neste projeto foram inseridas diversas informações técnicas baseadas em procedimentos de fabricantes com uma mistura de adaptações técnicas dos mais conceituados executantes do senário nacional, agrupando um volume de técnicas as quais grande parte dos profissionais do nosso mercado nacional desconhece, e por isso comprometem suas atividades com baixos rendimentos e uma confiabilidade indesejada.

Como dizia Albert Ainsten, "Nem sempre as soluções técnicas podem ser aplicadas", ou podem solucionar nossos problemas. Esta frase se faz verdadeira dentro do universo da manutenção industrial, pois nem sempre podemos aplicar as técnicas conforme somos orientados. Mas podemos amenizar as falhas e os defeitos quando buscamos desenvolver nosso trabalho utilizando as informações técnicas e as habilidades desenvolvidas ao longo de nossa vida profissional, vinculada aos conhecimentos repassados de outros profissionais que viveram situações semelhantes às nossas dificuldades.

As informações contidas neste livro são experiências aplicadas com altíssimo grau técnico e com resultados altamente satisfatórios, os quais direcionam os profissionais que as submetem às suas técnicas um grande crescimento e aprendizagem simples com uma linguagem técnica coerente com o pensamento dos novos profissionais que pretendem se desenvolverem dentro do senário da manutenção mecânica industrial dentro e fora do nosso país.

Lembrando que as informações contidas neste projeto fazem parte de apenas uma das três aptidões necessárias para se formar um grande profissional, a qual se destina apenas como "O Conhecimento". As outras duas aptidões, infelizmente não podemos relatar neste projeto, pois uma delas se trata da "Habilidade', onde esta apenas será adquirida com a execução e a prática aplicada. E a terceira aptidão, ninguém e nenhum método até hoje foi capaz de desenvolvê-la nos profissionais, pois se trata da "Atitude". Esta é a única aptidão que o profissional deve desenvolver sozinho durante sua trajetória profissional.

# 9 – Fontes de Informações

- *Escola SENAI "Santos Dumont" – São José dos Campos.*
- *Manual NTN/SNR.*
- *Práticas de Manutenção – Centro de Formação Profissional Anielo Greco.*
- *Wanderson Santos – Elementos de Máquinas.*
- *José Leo – Apresentação Treinamento de Rolamentos.*
- *Elementos de Máquinas – Senai Tubarão.*

# 10 – Sobre o Autor

Edson Gonçalves, 42 anos, nascido no dia 11/04/1974, na cidade de Coronel Fabriciano, em Minas Gerais, filho de Otil Gonçalves Neto e Maria Vieira Gonçalves, é o quinto filho de uma família de7 irmãos, casado desde 2000 com Neide Oliveira Gonçalves Guerra, pai de 2 filhas, Sabrina e Emanuelle, não abre mão do convívio familiar onde encontra tranquilidade e equilíbrio para equalizar as pressões do trabalho e o aconchego da vida em família.

De família de classe baixa, estudou em escolas públicas, sempre obteve médias significativas, as quais o propiciou a nunca ter sido reprovado.

Teve sonhos de criança, começou pelo futebol, onde algumas tentativas de se profissionalizar no mundo mágico do esporte não foram muito bem-sucedidas com relação ao lado financeiro, porém educacional e culturalmente pôde ser orientado de forma correta, o que o manteve longe da bebida e das drogas ilícitas, práticas estas que são cultivadas até os dias de hoje.

Teve uma infância feliz com muita agitação e liberdade para realizar todas as peripécias de uma criança em fase de crescimento.

Técnico em Mecânica, formado no ano de 1992 na Escola Técnica Vale do Aço, iniciou por diversas vezes o curso superior sem muito sucesso devido à dedicação às funções do trabalho. Com diversos cursos de aperfeiçoamento, inclusive no exterior, iniciou sua carreira profissional como estagiário de uma cimenteira na cidade de Santana do Paraíso, em Minas Gerais.

Após seu estágio, foi mecânico de manutenção de algumas prestadoras de serviços (Ebec e Sankyu) nas dependências de uma usina siderúrgica na cidade de Ipatinga MG, onde foi efetivado como Inspetor de Manutenção pela USIMINAS (Usinas Siderúrgicas de Minas Gerais), trabalhou por alguns anos exercendo a função, até sua transferência para a concorrente CSN (Companhia Siderúrgica Nacional) na cidade de Araucária PR.

Cumpriu mais um ciclo durante alguns anos, também exercendo a função de supervisão de manutenção e inspeção, onde pode desenvolver diversas habilidades técnicas as quais lhe deu a condição de evoluir suas práticas e conhecimentos voltados para a inspeção de manutenção industrial.

Transferiu-se para uma empresa do ramo Petroquímico (Arauco do Brasil) onde trabalhou por mais 2 anos exercendo as funções de gestão de manutenção e aplicando seus conhecimentos para atingir os resultados esperados pela organização.

Nos dias de hoje continua exercendo as funções de Gestor e Empresário, onde é um dos sócios da empresa de Consultoria, Ascessoria e execução de manutenção em geral, em todos os segmentos industriais em prol do desenvolvimento de novas técnicas de manutenção e de inspeção sensitiva, voltada para a evolução da manutenção industrial, procurando sempre cumprir suas metas e atender todas as espectativas das organizações as quais necessitam de seus serviços.

Especializou-se em treinamentos técnicos, onde ministra desde a prática de execução, até a gestão de liderança e gestão comportamental para organizações que necessitam de reestruturar seu efetivo técnico. Tornou-se especialista em Gerenciamento de Manutenção Industrial e realiza consultorias e assessorias em diversas empresas dentro e fora do Brasil aplicando as técnicas de acordo com as normas vigentes e as melhores práticas mundiais.

## Vida Profissional

Técnica em Mecânica, com diversos cursos de aperfeiçoamento, inclusive no exterior, com sólida atuação em empresas e indústrias de grande porte, desenvolvendo atividades nas áreas da manutenção e da produção.

Área de atuação: Técnica – Manutenção – Produção – Engenharia

### *Escolaridade*

Técnico em Mecânica – Escola Técnica Vale do Aço - MG – 1992.

Superior - Gestão da Produção Industrial – Fatec - Curitiba – Cursando.

***Experiências Internacionais***

- Processo de Funcionamento Siderúrgico Pré-pintado – Ministrado pela Pré- Coat, na cidade de Saint Louis nos Estados Unidos, no ano de 2003 com duração de 60 dias.
- Tratamento Químico e Aplicação – Ministrado pela Henkel, na cidade de Chicago nos Estados Unidos, no ano de 2003 com duração de 15 dias.
- Especialização e Tecnologia de Cabos de Aço – Ministrado pela IPH, na cidade de Buenos Aires na Argentina – Instrutor Roland Ferret, no ano de 2008, com duração de 15 dias.

***Experiências Profissionais***

| *Empresa* | *Cargo* | *Período* |
|---|---|---|
| - Cimento Caue S.A | Técnico em Mecânica | 1 ano |
| - Sankyu S.A | Mecânico Ajustador | 1 ano |
| - Carvalho Mont. Ind | Mecânico Ajustador | 1 ano |
| - Usiminas – Usinas Sid. MG | Supervisor de Inspeção | 6 anos |
| - CSN – Comp. Sid. Nacional | Supervisor de Manutenção | 9 anos |
| - Arauco do Brasil | Supervisor de Manutenção | 2 anos |
| - Optimus | Gestor | Atual. |

***Descrição das Principais Atividades Desempenhadas***

- ♦ Participação nos projetos de implementação de novas unidades de produção.
- ♦ Gerenciamento das equipes de montagens, alinhamentos, ajustes, lubrificação e testes do start-up das linhas de produção de Laminação a Frio.
- ♦ Desenvolvimento e aplicação de novas sistemáticas de manutenção das unidades de produção, otimizando os recursos, minimizando as necessidades de intervenção e consequentemente reduzindo custos de mão de obra e materiais sobressalentes na proporção de 12% ao ano.
- ♦ Desenvolvimento e reformulação de todo sistema hidrostático de lubrificação e refrigeração dos mancais e rolamentos dos cilindros de laminação, aumentando sua vida útil em aproximadamente 60%.

- Redimensionamento de componentes e equipamentos aumentando o volume de produção em 15%, garantindo sua disponibilidade e confiabilidade.
- Participação do grupo de voluntários, desenvolvendo dentro da empresa a cultura de segurança com o objetivo de atingir o índice zero de acidentes.
- Coordenar e supervisionar equipe de inspeção técnica para avaliação das condições de funcionamento dos equipamentos.
- Coordenar e supervisionar elaboração de programação das atividades para encaminhamento dos equipamentos para manutenções, preventivas, preditivas e corretivas.
- Desenvolvimento e implantação de condições de manutenabilidade dos equipamentos.
- Implantação do programa de vazamento zero.
- Elaboração de treinamentos para os colaboradores recém-admitidos.
- Supervisionar e acompanhar as atividades de caldeiraria.
- Supervisionar e acompanhar as atividades de usinagem e retífica.
- Implementação do sistema de gerenciamento de manutenção.
- Elaboração de procedimentos de manutenção.
- Elaboração de sistemáticas de planos de manutenção, inspeção e lubrificação.
- Especificação técnica dos componentes e elementos de máquinas dos equipamentos.
- Implantação da sistemática TPM, RCM e MOC.
- Aplicação de Brainstorm e Bentchmarkim.
- Implementação e Aplicação dos métodos de avaliação e análises de falhas.
- Elaboração de orçamento anual.
- Implantação de gestão de manutenção à vista.
- Elaboração de visão, missão e objetivos da manutenção.
- Desenvolvimento de sistemática de manutenção em função de normas técnicas para equipamentos dedicados.
- Gerenciamento de contratos de terceiros.

- ♦ Desenvolvimento e avaliação de novos fornecedores e prestadores de serviços.
- ♦ Elaboração de indicadores da manutenção.
- ♦ Contatos com fornecedores para desenvolvimento de sobressalentes e ou readequação de equipamentos e componentes.
- ♦ Visitas técnicas a fornecedores e fabricantes para avaliação e inspeção dos equipamentos.
- ♦ Acompanhamento e supervisão das execuções das atividades programadas e emergenciais.
- ♦ Desenvolvimento de manuais descritivos técnicos para equalizar as informações junto aos fornecedores, analisando as normas cabíveis para cada aplicação.
- ♦ Prestação de serviços de consultoria e assessoria à manutenção, das organizações nacionais e internacionais.
- ♦ Palestrante de estratégias e ferramentas estratégias de manutenção.
- ♦ Instrutor de treinamentos técnicos e práticos referente aos elementos de máquinas e diretrizes de manutenção.

***Habilidades Pessoais***

- Tranquilidade, Curiosidade, Atenção.
- Facilidade de Relacionamento Interpessoal.
- Busca por aprendizado, Desenvolvimento e Resultados.
- Disciplina, Liderança Situacional.

***Cursos de Aperfeiçoamentos***

- Inspetor de Soldagem Nível 1, Inspetor de LP.
- Desenho Mecânico, Metrologia, Alinhamento de • Máquinas, Maçarico de Corte.
- Hidráulica, Esquemas hidráulicos, Sistemas de Gerenciamento de Manutenção.
- Solda, Freios, Vedações, Filtros, Lubrificantes e Lubrificação Classe Mundial.
- Roscas, Cabos de Aço, Correias, Bombas, Correntes.

- Manutenção Preditiva, Controle de Custos, PCOM, Sistema de Gestão Ambiental.
- Especificações de Válvulas, Rolamentos, Mancais de Rolamentos.
- Controle de Vapor e Ar Comprimido, Pneumática, Redutoras.
- Inspetor de Equipamentos, RCM, MOC, Controle de Qualidade Total.
- Chefia e Liderança, Garantindo a Primeira Imprensão.
- Assertividade e Desinibição, A Arte de Falar em Público.
- Liderança em Âmbito Ocupacional, Técnicas de Abordagem, Técnicas de linguagem corporal.
- NR 11, NR 13, NR 18, NR 33.
- Manutenção Classe Mundial
- Ms Project

***OBS:***

Condecorado pela USIMINAS como Operário Destaque de Qualidade em virtude do comprometimento, esforços e resultados obtidos em busca da qualidade total.

Condecorado pela ASSOCIAÇÃO BRASILEIRA DE LIDERANÇA - BRASLIDER com o Prêmio EXCELÊNCIA E QUALIDADE BRASIL 2014, MELHORES DO ANO na categoria PROFISSIONAL DO ANO em Consultoria Técnica Mecânica.

Condecorado pela ASSOCIAÇÃO BRASILEIRA DE LIDERANÇA - BRASLIDER com o Prêmio EXCELÊNCIA E QUALIDADE BRASIL 2015, MELHORES DO ANO na categoria PROFISSIONAL DO ANO em Consultoria Técnica Mecânica.

Condecorado pela ASSOCIAÇÃO BRASILEIRA DE LIDERANÇA - BRASLIDER com o Prêmio EXCELÊNCIA E QUALIDADE BRASIL 2016, MELHORES DO ANO na categoria PROFISSIONAL DO ANO em Consultoria Técnica Mecânica.

*Contatos:*
edinhoguerra@bol.com.br
*edson@optimuscsi.com.br*
*41-99667-6914*

## ***Mais uma vez....***

*Mas é claro que o sol vai voltar amanhã*
*Mais uma vez, eu sei*
*Escuridão já vi pior, de endoidecer gente sã*
*Espera que o sol já vem*

*Tem gente que está do mesmo lado que você*
*Mas deveria estar do lado de lá*
*Tem gente que machuca os outros*
*Tem gente que não sabe amar*
*Tem gente enganando a gente*

*Veja a nossa vida como está*
*Mas eu sei que um dia a gente aprende*
*Se você quiser alguém em quem confiar*
*Confie em si mesmo*
*Quem acredita sempre alcança*

*Mas é claro que o sol vai voltar amanhã*
*Mais uma vez, eu sei*
*Escuridão já vi pior, de endoidecer gente sã*
*Espera que o sol já vem*

*Nunca deixe que lhe digam que não vale a pena*
*Acreditar no sonho que se tem*
*Ou que seus planos nunca vão dar certo*
*Ou que você nunca vai ser alguém*
*Tem gente que machuca os outros*
*Tem gente que não sabe amar*

*Mas eu sei que um dia a gente aprende*
*Se você quiser alguém em quem confiar*
*Confie em si mesmo*
*Quem acredita sempre alcança...*

***Renato Russo***

## *Realização*

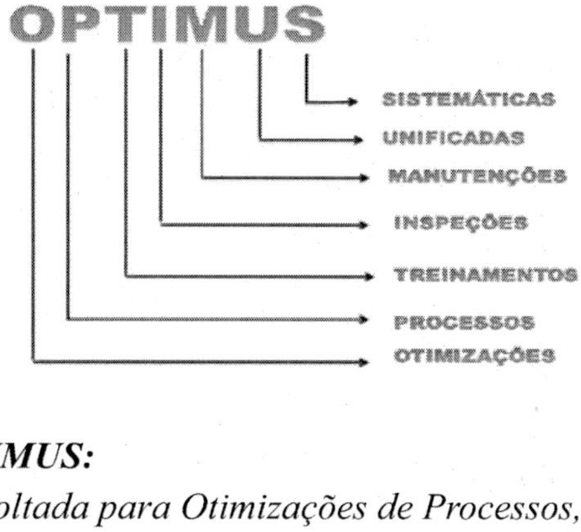


*O que é a **OPTIMUS:***
*Uma empresa voltada para Otimizações de Processos, Treinamentos,* Inspeções e Manutenções Unificadas e Sistemáticas.

Nossa atualidade promove uma competitividade extrema, exigindo das organizações um processo de melhoria contínua jamais visto, processo este que muitas vezes tem se tornado um ponto de interrogação em alguns estágios desta evolução sistemática da cadeia produtiva.

*A complexidade desta sistemática se dá devido a necessidade da organização detectar o ponto primordial a ser tratado em sua cadeia produtiva, pois este é o grande desafio encontrado. Tendo conhecimento desta grande necessidade a* ***OPTIMUS*** *decidiu disponibilizar o tempo e conhecimento de seus profissionais, adquiridos ao longo de 20 anos de atuação em empresas multinacionais de grande porte, experiência esta nas áreas de otimização, processos, treinamentos, inspeções,*manutenções, sistemática, produção, projetos, redução de custos, qualidade,segurança e meio ambiente, a fim de disponibilizar soluções industriais inteligentesaos seus clientes e parceiros.

*Além de fornecer a solução para os problemas apresentados, a* ***OPTIMUS*** *promove também a execução de tais atividades e a capacitação dos profissionais* envolvidos no desafio em questão.

*A* ***OPTIMUS*** *oferece soluções inteligentes nas seguintes áreas:*

❑ ***Execução e/ou Orientação de Implantação de Sistemática de Gestão da*** Manutenção;

❑ *Gestão do Negócio;*
❑ *Gestão de Projeto;*
❑ *Gestão de Habilidades Técnicas;*
❑ *Gestão de Planejamento;*
❑ *Gestão de Programação;*
❑ *Gestão de Execução;*
❑ *Gestão de Controle;*
❑ *Gestão de Análise de Falha;*
❑ *Gestão de Custos;*
❑ *Gestão de Ferramentas;*
❑ *Gestão de Materiais;*
❑ *Gestão de Contratos;*
❑ *Gestão de Conteúdo Técnico;*
❑ *Gestão de Desenvolvimento;*
❑ *Gestão de Integração;*
❑ *Gestão de Processo;*
❑ *Gestão de Confiabilidade;*
❑ *Gestão Financeira dos Ativos;*
❑ *Gestão de Excelência;*

***Consultoria em Manutenção e Cadeia Produtiva;***

❑ Avaliação e adequação da sistemática de manutenção existente;

❑ Revitalização da estrutura (Homem/Hora) utilizada pela corporação;

- ❑ Otimização de processo, avaliando desde o planejamento de manutenção, processo logístico interno, PPCP, produção e interferências na qualidade final;
- ❑ Execução e orientação de Benchmark e Brainstorm;
- ❑ Aplicação da sistemática de modelos mentais para tomada de decisões;
- ❑ Orientação para desenvolvimento de sistemática de gerenciamento de sistemática para Manutenção/Produção;

***Treinamentos;***

- ❑ Liderança, promovendo uma visão sistêmica do setor e de toda organização;
- ❑ Inspeção sensitiva das máquinas e equipamentos;
- ❑ Metrologia aplicada;
- ❑ Elementos de máquinas;
- ❑ Ajustagem;
- ❑ Estratégias de Manutenção;
- ❑ Técnicas de abordagem comportamental;
- ❑ Orientação para ensaios não destrutivos;
- ❑ Análise de falha;
- ❑ Palestras para eventos de segurança, manutenção, produção, motivacionais e feiras;

***Estudo e desenvolvimento de técnicas e métodos para otimizações dos processos e redução de custos;***

- ❑ Realização de estudo de tempos e métodos;
- ❑ Avaliação e adequação do layout fabril;
- ❑ Estudo e definição de itens e equipamentos críticos;
- ❑ Estudo e adequação dos estoques de insumos e sobressalentes;
- ❑ Otimização do processo;
- ❑ Estudo e implementação de novas ferramentas e metodologias.
- ❑ Auditorias orientativas e avaliativas na sistemática de manutenção e processo;

***Execução de inspeção sensitiva e manutenção de máquinas e*** equipamentos industriais em geral.

**_Outros Projetos:_**

*Livros Técnicos:*

"Manual Básico para Inspetor de Manutenção Industrial". (publicado).

"Manutenção Industrial – Do Estratégico ao Operacional". (publicado).

Manual Básico para Inspetor de Manutenção Industrial 2". (publicado).

***A melhor ferramenta é a SOLUÇÃO.***
***A melhor solução é a EXPERIÊNCIA.***
***A melhor experiência é a EXECUÇÃO.***
***A melhor execução é a OPTIMUS".***



Impressão e acabamento
Gráfica da Editora Ciência Moderna Ltda.
Tel: (21) 2201-6662